무섭지만
재밌어서 밤새 읽는
감염병 이야기

일러두기

* 이 책에서 다루고 있는 감염병의 이름들은 질병관리청의 감염병포털에 실려 있는 법정감염병의 표기에 따랐습니다.
* 이 책 본문 24쪽, 51쪽, 85쪽의 그림은 오카다 마키의 일러스트이며 표와 그래프 등 자료의 출처 및 참고 문헌은 본문 뒤에 실었습니다.
* 본문 아래의 주는 모두 감수자 주입니다.

무섭지만 재밌어서 밤새 읽는

감염병 이야기

오카다 하루에 지음 | 김정환 옮김 | 최강석 감수

더숲

머리말

감염병이란 완전히 일치하진 않지만 쉽게 말해 '전염병(전염이 가능한 감염병)'이다. 세균이나 바이러스, 진균, 원충 등 감염병을 일으키는 미생물(이를 병원病原 미생물이라고 한다)이 몸속에 침입해서 그 수가 불어나는 것을 '감염'이라고 한다. 그리고 병원 미생물에 감염되어 증상이 나타나는 것을 '발병'이라고 하는데, 증상이 거의 나타나지 않거나 가벼운 증상으로 끝나는가 하면 높은 치사율로 수많은 희생자를 내고 회복되더라도 심각한 장애를 유발하기도 한다.

인체에 치명적인 증상을 유발하는 감염병은 전염되지 않도록 감염 경로를 차단하는 방법이나 백신 접종, 감염병에 걸린 것이 아닌지 의심될 때 어떻게 대처해야 하는지 지식을 갖추는 것이 중요하다. 예컨대 이 책에 소개된 지카바이러스감염병은 대부분 가벼운 증상으로 끝나고 예후도 좋은 편이지만, 임산부가 이 감염병에 걸리면 태아 감염을 일으켜 아기가 소두증 등 심각한 장애를 안고 태어날 수 있다. 2016년 리우데자네이루 올림픽이 개최될 당시 문제가 되었던 지카 바이러스는 이제 중남미뿐 아니라 아시아 지역에도 확산되고 있다. 지카바이러스감염증은 기본적으로는 모기를 통해 감염되나, 성행위 과정에서 감염될 가능성이 있기 때문에 충분한 주의가 필요하다.

또한 감염병에 따라서는 증상이 사라져서 병이 나은 것처럼 보이지만 실제로는 계속 진행 중인 경우도 있다. 전 세계적으로 2000년 이후 감염자가 증가하고 있는 매독이 이에 해당한다. 최대한 빨리 치료를 시작하는 것이 중요하지만, 증상이 없어 자각하지 못하는 수많은 잠재적 감염자가 치료를 받지 않은 채 감염을 확산시킬 수 있다.

이 책에는 감염병이 어떤 병이고 어떻게 전염되며 그 과정이 어떻게 진행하는지, 감염병에 걸리면 어떻게 대처해야 하는지, 애초에 감염되지 않으려면 어떻게 행동해야 하는지에 관한 정보가 담겨 있다.

최근 들어 전 세계가 여러 무서운 감염병의 위협에 노출되어 있다. 서아프리카에서는 사상 최악의 감염병인 에볼라바이러스병이 크게 유행했고, 한국에서는 2015년 메르스가 유행했으며, 일본에서는 약 70년 만에 뎅기열 감염 사례가 발생했다. 말라리아와 결핵은 지금도 해마다 수많은 생명을 앗아 가고 있다.

2017년 세계 인구가 73억 명(〈2020 세계 인구 현황 보고서〉에 따르면 2020년 현재 약 78억 명 – 옮긴이)을 넘긴 오늘날, 인구가 과밀화된 도시와 그 주변의 슬럼 지구에서는 감염병의 유행이 발생하기 쉬운 사회 환경이 만들어지고 있다. 게다가 세계를 촘촘히 둘러싸고 있는 항공망과 고속 대량 운송 시스템은 지구의 어느 한 곳에서 발생한 감염병이 빠르게 확산되어 전 세계적 대유행(팬데믹)으로 발전하기 쉬운 사회적 배경이 된다. 이제는 풍토병이 전세계로 퍼져 대유행으로 발전하는 상황도 전혀 예상 밖의 일이아닌 것이다. 여기에 지구 온난화로 열대·아열대 지역의 감염병이 온대 지역까지 확산될 위험성 또한 강력하게 지적되고 있다. 그래서 가까운 미래에 위협이 될 가능성이 있는 '주의해야 할 감염병'을 이 책에서 소개하겠다.

인류의 역사에는 감염병과의 싸움이 남긴 상처가 많이 남아있다. 중세에 크게 유행한 흑사병(페스트)은 중세 시대의 막을 내리게 했다. 각 시대에는 그 시대를 특징짓는 감염병의 대유행이 있었고, 사람들은 감염병의 위협 속에서 최선을 다해 살며 자손을 낳아 대를 이어 왔다. 이렇게 역사를 움직여 온 감염병의 사례로 페스트와 콜레라, 두창 등을 소개한다.

과거에 수많은 사람의 생명을 앗아 갔던 감염병이 백신이나치료제의 개발로 발생이 격감했다가 오늘날 또다시 문제가 되기도 한다. 지진 등의 재해가 일어났을 때 발생하기 쉬운 파상풍을, 그리고 전 세계 150개국에서 발생하고 있는 공수병이 이에 해당한다. 공수병은 일단 증상이 나타나면 치사율이 거의 100퍼센트에 이르는 무서운 감염병이다.

이 책은 매일 감염병을 공부하고 어떻게 하면 희생자를 줄일 수 있을지 연구하고 있는 내가 독자 여러분의 건강과 생명을 지키기 위해서 하고 싶은 이야기를 엮은 것이다. 21세기는 감염병과 싸우는 시대가 될 것이다. 지금부터 여러분을 '무섭지만 재밌어서 밤새 읽는 감염병'의 세계로 안내하겠다.

감수의 글

2020년 1월 1일 경자년의 떠오르는 해를 보면서 새해의 소망과 희망을 담아 기도하던 그 시각, 중국 우한에서는 괴질폐렴 발생으로 우한수산시장이 전격 폐쇄되었다. 그 사건은 코로나19 감염병 팬데믹의 서막을 열었다. 이 글을 쓰고 있는 현재 우리의 상황은 예상하지도 못한 방향으로 악화되고 있고 그 탈출구를 아직도 찾지 못하고 있지만, 언젠가는 그 해답을 찾을 것이다. 그 끔찍한 주인공은 그동안 인류가 경험해 본 적 없는 새로운 코로나 바이러스(SARS CoV-2)이다.

2020년은 인류 역사에 코로나19 팬데믹으로 인한 사회변혁의 시기로 기록될 것이다. 눈에 보이지도 않는 나노 물질에 불과한 바이러스 입자가 우리의 일상생활을 송두리째 바꾸고 있다. 21세기 과학의 눈부신 발전에도 불구하고 우리 사회가 신종 감염병에 얼마나 취약한 구조를 가지고 있는지 절실하게 깨닫고 있다. '대중 집단의 접촉'이 무엇을 의미하고 어떤 결과를 낳는지를 새롭게 알려 줄 뿐만 아니라 사회·경제 활동의 패러다임 변화로 도도하게 흘러가고 있다. '효율을 강조한 생산성' 창출의 개념에서 '위생을 토대로 한 생산성' 창출이라는 개념으로 전환되는 시기 한가운데 우리는 서 있는 것이다.

감염병의 태풍이 휘몰아치는 한가운데 서게 되면서 대중은 비로소 감염병에 대한 올바른 지식이 우리의 미래이고, 건강을 지키는 소중한 생명보험이라는 현실을 자각하고 있다. 이제야 대중은 감염병의 정체에 대해 질문하고 있고, 감염병에 대응하기 위하여 무엇을 해야 하는가에 대한 답을 찾기 시작했다. 감염병이란 병원성 미생물에 감염되어 증상을 나타내는 질병이다. 일반적으로 말하는 전염병은 감염자에서 다른 사람으로의 전염이 가능한 감염병을 말한다. 우리가 알고 있는 감염병은 대다수가 전염병이지만, 감염병이 반드시 전염병인 것은 아니다. 단순한 접촉만으로는 사람 간 전염이 되지 않는 파상풍이 그 예이다.

《무섭지만 재밌어서 밤새 읽는 감염병 이야기》의 국내 출간은 이 시점에서 매우 시의적절하다. 오카다 하루에 교수는 감염병과 백신 연구에 많은 경험을 가지고 있으며, 풍부한 감염병 지식을 대중과 공유하기 위하여 활발한 저술 활동을 해온 학자이다. 저자는 이 책을 통하여 진실을 마주하기에는 두렵고 끔찍하지만 마주하여 바라다보면 얼마나 흥미로울 수 있는지, 감염병의 역사를 되돌아보며 미래의 감염병 환경에 우리가 어떻게 대응해야 하는지를 스스로 깨닫도록 한다.

이 책을 감수하면서 저자가 독자에게 전달하고자 하는 호소가 무엇인지를 느낄 수 있었다. 저자의 메시지는 매우 세련되고 체계적이면서 깊이가 있으며 현실적이다. 이 책은 2017년 출간되었음에도 현시점에 읽어도 전혀 생소함이 없다. 책의 출간 시점상 현재 전 세계를 두려움에 떨게 하고 있는 코로나19에 대해서는 언급하고 있지 않지만, 과거로부터 지금까지 우리를 위협하고 있는 우리가 꼭 알아야 할 19개 감염병을 다루고 있다.

또한 감염병에 대한 두려움과 진실에 대한 궁금증을 동시에 자아내 독자로 하여금 마법에 빠지게 만든다. 그 배경은 저자의 오랜 연구 경험에서 우러나오는 과학적 지식의 깊이에 기반함을 부인할 수 없다.

먼저 저자는 제1장에서는 에볼라바이러스병, 메르스(중동호흡기증후군), 지카바이러스감염증, 뎅기열 등 익숙하지만 여전히 우리를 위협하고 있는 감염병을 소개하고 있다. 이것들은 21세기를 살아가는 우리에게 감염병 충격과 공포를 생생하게 안겨 준 치명적인 바이러스들이다. 그럼에도 우리가 미처 알지 못하는 많은 진실을 마주하게 한다. 어떻게 출현하고, 지금도 왜 문제가 되고 있는지를 쉽게 이해할 수 있도록 설명한다. 우리에게 닥친 문제이기에 예사롭지 않다.

　제2장에서는 페스트, 콜레라, 황열, 두창 등 인류 역사를 송두리째 바꾸어 놓은 감염병들을 소개하고 있다. 이 감염병들이 어떻게 인류 역사와 문화를 바꾸었고 세계 질서를 재편하게 만들었는지 역사적 해석을 시도했다. 대유행 시기에 얼마나 끔찍한 일들이 벌어졌는지를 소개하면서, 그 시기에 감염병 공포가 초래한 비이성적 집단 광기에 대해 독자들이 파노라마처럼 상상하게 만든다. 그 상상의 과정에서 혹시 현재 비이성적 대중의 판단이 작동하고 있는 건 아닌지 돌아보게 하고, 역사가 주는 시사점을 보면서 사회적 '접촉'에서 사회적 '접속'으로 흐르는 시대적 흐름이 우리 미래를 어떻게 변화시킬지를 예측하게끔 이끌어 간다.

　제3장은 인류가 오랫동안 겪어 왔음에도 감염병 유행의 불씨가 여전히 살아 숨 쉬는 결핵, 홍역, 공수병 등 위협적인 감염병의 어두운 그림자를 소개하고 있다. 인류가 왜 이 감염병들을 해결하지 못하고 있는지, 이 감염병들로부터 우리를 안전하게 지키기 위하여 어떻게 대응해야 하는지에 대한 대응 요령을 제공하고 있다. 감염병에 대한 올바른 지식을 가지는 것은 당장 코앞에 닥쳐 있는 감염병으로부터 우리를 지키는 생명보험인 이유를 여기에서 잘 보여 주고 있다.

　제4장에서는 중증열성혈소판감소증후군, 노로바이러스 감염

증, 장출혈성대장균감염증 등 우리가 살아가면서 항상 주의해야 하는 감염병을 다루고 있다. 이 감염병들의 집단 발생이나 치명적인 감염 사례가 우리나라에서도 심심찮게 뉴스의 한 부분을 장식해 왔고 앞으로도 그럴 것이다. 그래서 우리 곁에서 호시탐탐 도사리고 있는 감염병이 있음을 잊지 말아야 하고, 평소에 위생적 생활 습관과 예방을 위한 행동 수칙을 지켜야 한다는 현실을 저자는 말하고자 한다. 자신을 안전하게 지키는 것은 올바른 실천 의지에 달려 있다.

이 책에서 미처 다루고 있지 않은 수많은 감염병이 여전히 주변을 맴돌면서 우리를 위협하고 있다. 감염병이 너무 많은 탓에 저자는 깊은 시사점을 주는 감염병을 고심하면서 고르고 골라서 독자들에게 이야기하고 있음을 느낄 수 있다.

감염병은 사람을 차별하지 않지만, 올바른 지식으로 무장하고 대처하지 않는 사람은 차별한다. 아는 것이 생명이다. 이 책은 '안다는 것'에 대한 지적 기준을 제공하는 데 손색없는 훌륭한 책이다.

차례

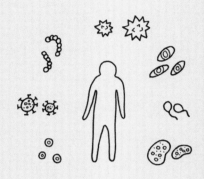

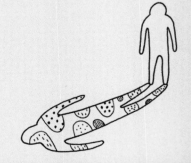

제1장

—

가까운 미래에 발생할 감염병

에볼라바이러스병

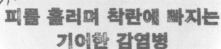

피를 흘리며 착란에 빠지는
기이한 감염병

서아프리카에서 일어난 비극

2014년 서아프리카의 라이베리아, 기니, 시에라리온에서 갑자기 에볼라바이러스병이 크게 유행해 전 세계를 공포에 빠뜨렸다. 에볼라 출혈열이라고 부르기도 하지만, 출혈을 동반하기 전에 사망하는 사람도 많기 때문에 세계보건기구(World Health Organization. 이하 WHO)는 2014년 질환명을 에볼라 출혈열에서 에볼라바이러스병으로 바꾸었다.

서아프리카의 에볼라바이러스병 유행은 2013년 12월에 시작되었는데 시에라리온은 2015년 11월 7일, 기니는 2015년 12월 29일, 라이베리아는 2016년 1월 14일이 되어서야 겨우 종식을 선언했다. 그사이 이 세 나라에서 확진자와 감염 추정 환자 또는 감염 의심 환자가 2만 8,616명 보고되었고, 이 가운데 1만 1,310명이 사망하여 치사율은 약 40퍼센트에 이른다.

실제로는 더 많은 환자와 희생자가 있었을 것이다. 당시 현지에는 의료, 보건 제도와 사회 기반 시설이 충분히 정비되어 있지 못했고, 주민들도 에볼라바이러스병을 충분히 이해하지 못한 상황이었다.

2014년 9월에는 서아프리카의 기니에서 에볼라바이러스병 예방 대책을 위해 정부에서 파견한 보건 담당자 7명이 마을 주민에게 살해당하는 사건이 일어났다. 마을 주민들은 '에볼라바이러스병은 백인이 흑인을 죽이기 위해 만들어 냈으며, 보건 담당자는 우리를 죽이러 왔다'고 생각했던 것이다. 이처럼 무서운 감염병이 유행하면 망상과 공포 또한 사람에게서 사람에게로 전염되며 퍼져 간다. 현지의 에볼라바이러스병 환자는 진단을 받기는커녕 종적을 감추고 숨어 버리는 경우가 있었기 때문에 실제로는 당국의 눈길이 닿지 않는 곳에서 숨어 지내다 사망한 에볼라바이러스병 환자가 많을 것으로 추측된다.

그전까지는 일단 에볼라바이러스병이 출현하여 발생하면 감염자 수는 수십 명에서 수백 명 규모였고, 길어야 수개월 정도의 짧은 기간에 종결되었다. 그러나 서아프리카의 세 나라에서 발생한 에볼라바이러스병의 유행은 말 그대로 차원이 다른 수의 감염자와 희생자를 냈고, 그 기간도 약 2년으로 매우 길었다. 이 유행에서 발생한 감염자 수와 희생자 수는 1976년 아프리카 중앙부에 위치한 수단(현재의 남수단)에서 에볼라바이러스병이 처음 발견된 이래 30번 이상 일어났던 집단 발생의 감염자와 희생자의 총수를 크게 웃도는 규모였다.

수단에서 발견된 에볼라

1976년 수단공화국 남부의 은자라에서 최초로 에볼라바이러스병 환자가 확인되었다. 이 지역에는 사바나와 정글에 작은 집락이 흩어져 있으며, 사람들은 진흙을 굳혀서 만든 가옥에 친족끼리 모여 산다. 은자라는 이런 집락군의 중심지로서, 이 지역에서 재배한 목화를 직물로 만들고 판매해서 귀중한 현금을 벌어들이는 목화 공장이 은자라에 있었다. 바로 이 공장에서 최초의 에볼라바이러스병 환자가 발생했다.

1976년 6월 공장에서 일하던 한 남성이 아파서 쓰러졌고 9일 후에 출혈을 하다가 사망했다. 그리고 얼마 후 동료 남성 2명이 잇달아 사망했다. 첫 번째 남성이 사망한 뒤 불과 2개월 사이에 공장 노동자와 그들의 가족, 친구 등 35명이 사망했다.

은자라에서 일어난 유행은 곧 근교의 마리디로 확대되었다. 은자라의 목화 공장에서 감염된 사람 중 1명이 마리디의 병원에서 진찰을 받았던 것이다. 그 남성의 체액과 혈액, 배설물, 구토물에 접촉한 병원의 의료 관계자와 다른 입원 환자들에게도 비극적인 원내 감염이 발생했다. 이때 마리디 병원의 입원 환자 213명 가운데 93명이 에볼라바이러스병에 감염되었다(이때는 아직 에볼라 바이러스가 발견되지 않은 시기다). 또한 의료 종사자를 중심으로 병원 관계자 중 3분의 1이 감염되거나 발병해 41명이 사망했다. 이에 무섭고 기이한 병이 유행하고 있다며 병원 관계자뿐 아니라 움직일 수 있는 환자들은 일제히 병원에서 도망쳤고, 그 결과 이 병원을 기점으로 에볼라바이러스병이 인근 마을로 확산되어 갔다.

이때 발생한 에볼라바이러스병 집단감염은 이해 11월 20일 거의 종식되었지만 감염자 수 284명, 사망자 151명으로 치사율 53퍼센트를 기록했다. 이것이 최초의 에볼라바이러스병 유행 사건이다.

그렇다면 이 기이한 병에 최초로 걸린 은자라의 목화 공장 직원들은 어디에서 어떤 바이러스에 감염된 것일까? 이 무서운 감염병의 병원체를 찾기 위한 연구가 시작되었다.

약 2,000명이 일하는 목화 공장은 함석지붕이 덮인 단출한 건물로, 지붕에는 엄청나게 많은 박쥐가 살고 있어 박쥐들의 똥이 쌓여 있는가 하면 오줌이 뚝뚝 떨어져 내렸다. 특히 초기에 주로 환자가 발생한 직물실에서 잡은 쥐·박쥐·곤충·거미로부터 감염되었으리라 의심했지만, 역학조사 결과 원인으로 생각되는 바이러스는 발견되지 않았다.

현재는 에볼라 바이러스가 감염병을 일으키는 병원체로 밝혀졌고, 과일박쥐가 에볼라 바이러스의 자연숙주라는 설이 유력하다. 카메룬에서 잡힌 박쥐의 혈액에서는 에볼라 바이러스에 대한 항체가 발견되었다. 그리고 카메룬의 정글에 사는 피그미족 가운데 15퍼센트는 에볼라 바이러스에 대한 항체를 지니고 있다는 놀라운 사실도 알려졌다. 항체를 보유하고 있다는 말은 과거에 에볼라 바이러스에 감염된 경험이 있음을 강하게 시사해 준다.

에볼라 바이러스는 아프리카의 드넓은 밀림 어딘가에 서식하는 어떤 야생동물의 몸속에 있는 것으로 생각된다. 그리고 다른 동물이 그 야생동물과 우발적으로 접촉했을 때 에볼라 바이러스에 감염되는데, 특히 최종숙주인 인간이나 침팬지·고릴라 등 영장류에 감염하면 에볼라 바이러스가 강한 병원성을 드러내 높은 치사율로 죽음에 이르는 것으로 추측된다.

연도	국가	에볼라 바이러스의 종류	유증상자 (명)	사망자 (명)	사망률 (%)
2014~2016	서아프리카	자이르형	28,616	11,310	40
2012	콩고민주공화국	분디교형	57	29	51
2012	우간다	수단형	7	4	57
2012	우간다	수단형	24	17	71
2011	우간다	수단형	1	1	100
2008	콩고민주공화국	자이르형	32	14	44
2007	우간다	분디교형	149	37	25
2007	콩고민주공화국	자이르형	264	187	71
2005	콩고공화국	자이르형	12	10	83
2004	수단	수단형	17	7	41
2003(11~12월)	콩고공화국	자이르형	35	29	83
2003(1~4월)	콩고공화국	자이르형	143	128	90
2001~2002	콩고공화국	자이르형	59	44	75
2001~2002	가봉	자이르형	65	53	82
2000	우간다	수단형	425	224	53
1996	남아프리카(옛 가봉)	자이르형	1	1	100
1996(6~12월)	가봉	자이르형	60	45	75
1996(1~4월)	가봉	자이르형	31	21	68
1995	콩고민주공화국	자이르형	315	254	81
1994	코트디부아르	타이포레스트형	1	0	0
1994	가봉	자이르형	52	31	60
1979	수단	수단형	34	22	65
1977	콩고민주공화국	자이르형	1	1	100
1976	콩고민주공화국	자이르형	318	280	88
1976	수단	수단형	284	151	53

◆ 박쥐 ◆

밀림 속 마을의 의료 시설

은자라에서 에볼라바이러스병이 발생한 지 2개월 뒤, 이번에는 자이르(현재의 콩고민주공화국)의 얌부쿠 마을이 에볼라바이러스병의 습격을 받았다. 악몽의 무대는 얌부쿠 선교 병원이었다. 이 병원은 벨기에 출신의 신부와 수녀 들이 세운 시설로, 비록 의사는 없지만 자이르 주민들에게 없어서는 안 될 존재여서 하루에 300~400명이나 되는 환자가 찾아왔다.

이 시설에서는 항생제 투여, 비타민 주사, 탈수 증상에 대한 수액 주사 등의 의료 행위가 이루어졌는데, 의료 기재가 만성적으로 부족한 탓에 하나의 주사기와 주삿바늘을 하루에 수백 번씩

재사용하는 위험천만한 일이 일상적으로 벌어지고 있었다.

1976년 8월 28일 30세의 남성이 선교 병원을 찾아왔다. 심한 설사와 혈변·코피 같은 증상을 보인 이 남성은 즉시 입원했지만, 의료 지식이 없던 수녀들은 남성의 병명을 특정하지 못했다. 그러자 남성은 사람들의 제지를 뿌리치고 병원을 떠났고, 그 뒤에 어떻게 되었는지는 지금까지도 알려져 있지 않다.

이 사건으로부터 일주일쯤 지난 9월 5일 이번에는 40세가 넘는 남성이 위독한 상태로 실려 왔다. 구토와 설사로 탈수 증상이 심하고 두통과 고열, 가슴 통증에 시달렸으며 착란 증상마저 있었다. 그 후 코와 잇몸에서 피가 나왔고 설사와 구토물에도 피가 섞여 나왔다.

병원의 수녀들에게는 마음에 걸리는 점이 하나 있었다. 이 남성은 병원에 실려 오기 4일 전인 9월 1일 병원을 찾아왔었는데, 그때는 말라리아를 진단받고 항말라리아 치료제인 클로로퀸 주사를 맞았다. 그런데 같은 날 남성과 함께 치료를 받고 빈혈 때문에 수혈을 받은 16세 여성과 비타민 주사를 맞은 여성들 역시, 남성이 실려 온 것과 같은 시기에 피를 토하고 눈에서 피를 흘리며 반쯤 착란 상태에 빠진 채 사경을 헤매고 있었던 것이다. 또한 이런 증상이 나타난 환자를 간호하던 사람들도 에볼라바이러스병의 초기 증상인 발열과 두통 증상을 보이기 시작했다.

지금까지 경험한 적 없는 무서운 증상을 접한 수녀들은 이 기이한 병에 어떻게 대처해야 할지 몰라 황열이나 장티푸스 정도로 여기고 있었는데, 그러는 사이 환자들은 모두 사망하고 말았다. 그리고 자이르의 관습에 따라 어머니와 아내 등 여성 친족들이 맨손으로 그 남성의 시신에서 '먹은 것과 배설물을 전부 몸 밖으로 빼낸' 뒤 매장했다.

며칠 뒤 남성의 장례를 도왔던 여성들도 그 남성과 같은 기이한 병, 즉 에볼라바이러스병에 감염되어 차례차례 증상을 보이기 시작했다. 결국 남성의 장례식이 끝난 뒤 그의 친구와 친족 21명이 감염되었으며, 이 가운데 18명이 사망했다.

비슷한 시기에 선교 병원은 에볼라바이러스병이라는 경험한 적 없는 새로운 감염병 유행에 휩쓸렸다. 병원은 사경을 헤매는 사람들로 넘쳐났다. 수녀들도 많은 수가 감염되었으며, 감염되지 않은 수녀들은 이미 자신들의 힘으로는 감당할 수 없는 사태가 되었음을 감지하고 긴급 무선통신으로 도움을 요청했다.

그전까지 없던 무섭고 기이한 병이 유행하자 공황 상태에 빠진 사람들은 마을을 빠져나갔다. 그런데 마을에서 도망친 사람 중에는 이미 바이러스에 감염되어 잠복기에 들어간 사람이 있었고, 그들은 도망친 곳에서 발병해 다른 지역으로 감염을 확대시켰다. 이에 수녀들은 재차 무선으로 도움을 애원했다. 그리고 마침내 WHO와 정부가 이 수수께끼의 감염병을 해명하기 위해 나섰다.

유행의 이면에는 빈곤 문제

미국 질병통제예방센터(CDC, Centers for Disease Control and Prevention)와 WHO, 벨기에 조사팀이 개입하면서 유행은 간신히 종식되었지만, 약 2개월 동안 병원과 그 주변에서 318명이 발병하고 280명이 사망했다.

유행이 끝난 뒤 WHO가 이 병의 미생물학적 원인 규명에 나섰고, 전 세계의 주요 연구소가 병원체를 밝혀내기 위해 연구를 시작했다. 그리고 마침내 전자현미경의 시야에는 새로운 바이러스가 나타났다. 한쪽 끝은 곧게 뻗어 있지만 다른 한쪽은 코일처럼 말려 있고 길쭉한 벌레처럼 생긴, 즉 물음표 같은 모양의 병원체였다. 이 새로운 바이러스의 이름은 "이 병이 최초로 출현한 지역에 있는 작은 강의 이름을 따서 '에볼라'로 명명하자"라는 제안에 따라 결정되었다. 그리고 얌부쿠에서 많은 사람의 죽음을 초래한 바이러스가 밝혀짐에 따라 그 2개월 전 수단의 은자라의 목화 공장에서 발생한 기이한 병의 유행 역시 에볼라 바이러스가 원인이었음이 판명되었다.

얌부쿠의 선교 병원에서는 첫 발병 환자 103명 중 72명이 '멸균 처리를 하지 않은 채 사용한 주삿바늘'이 원인이 되어 에볼라 바이러스에 감염되었다. 이 병원에서 발생한 초기 환자 중 과반수는 임산부였다. 그녀들은 '활기와 만족감을 가져다주는 마법의 주사'로 여기던 비타민B 주사를 맞았는데, 주사기를 재사용한 탓에 에볼라 바이러스가 몸속으로 주입된 것이다. 얌부쿠와 마리디의 병원에서 주사를 맞은 사람이 단 한 번에 에볼라에 감염된 확률은 무려 90퍼센트가 넘었다.

얌부쿠에서 분리된 에볼라 바이러스는 최악의 치사율을 보이는 에볼라 자이르형이었다. 그리고 2013년 말부터 서아프리카의 세 나라에서 시작된 에볼라바이러스병의 유행도 이 에볼라 자이르형이 원인이었다.

메르스

감염원이 밝혀지지 않은 신종 코로나 바이러스

중증 폐렴을 일으키는 바이러스

메르스(MERS, Middle East Respiratory Syndrome. 정식 명칭은 중동호흡기증후군)는 2012년에 발견된 신종 코로나 바이러스가 일으키는 급성 호흡기 질환이다. 2003년에 원인 불명의 중증 급성 폐렴을 일으키는 사스(SARS, Severe Acute Respiratory Syndrome. 정식 명칭은 중증급성호흡기증후군) 바이러스가 갑자기 나타나 아시아를 비롯한 세계 각지에서 유행해 사람들을 공포에 빠뜨린 적이 있다. 메르스 바이러스는 사스 바이러스와 유전적으

◆ 메르스의 발생이 보고된 중동 국가 ◆

요르단
쿠웨이트
카타르
아랍에미리트
사우디아라비아
오만
예멘

로 가까운 바이러스이다.

2012년 사우디아라비아에서 첫 번째 메르스 감염자가 확인된 이래 아라비아반도와 인근 지역에서 감염자와 환자가 지속적으로 발생하고 있다. 그리고 감염자가 비행기 등으로 이동함에 따라 말레이시아와 필리핀, 한국 등의 아시아 지역은 물론 유럽, 미국에서도 감염자가 발생했다. 특히 2015년 5월에는 한국에서 메르스가 유행했는데, 낯선 이름의 이 새로운 병은 중증 폐렴을 일으키며 치사율이 높은 것으로 알려져 이웃 나라들을 긴장하게 했다.

한국에서 유행

2015년 한국에서는 2개월이 넘게 메르스가 유행하여 진정되기까지 186명의 감염자와 38명의 희생자가 나와 치사율은 거의 20퍼센트에 이르렀고, 약 1만 명 이상이 메르스 바이러스에 노출되었을 가능성 때문에 격리 조치되었다.

한국의 최초 감염자는 2015년 5월 4일 바레인에서 귀국한 60대 남성으로, 당시 바레인에서는 메르스의 발생이 보고되지 않았지만 메르스가 발생한 아라비아반도의 카타르를 거쳐서 귀국한 것으로 밝혀졌다. 나중에 설명하겠지만 메르스의 감염원인 단봉낙타나 감염 환자와 접촉한 적은 없었고, 감염 시기도 감염원도 감염 경로도 분명하지 않았다. 이처럼 낙타 또는 환자와의 접촉 같은 직접적인 메르스 바이러스의 감염 경로가 불분명해지자, 중동 현지에 독감처럼 흔하게 메르스가 유행하고 있는 것은 아닌지 의심하기도 했다.

이 남성은 귀국 후 의료 기관 몇 곳을 찾아가 진찰을 받았고, 마지막에 입원한 병원에서 많은 2차 감염자를 발생시켜 감염 확대의 발단이 되었다. 이처럼 혼자서 많은 2차 감염자를 발생시키는 감염 환자를 '슈퍼 전파자'라고 부른다. 어떤 사람이 슈퍼 전파자가 되는지는 명확하지 않지만, 면역 상태의 저하로 대량의 바이러스를 배출하여 감염원이 되는 것 또는 다른 사람에게 감염시킬 가능성이 큰 환경이 갖추어지는 것 등을 생각해 볼 수 있다.

당시 메르스가 유행하는 과정에서 이런 슈퍼 전파자가 여러 명 확인되었으며, 이것이 감염을 확산시키는 원인이었던 것으로 추측된다.

밝혀지지 않은 메르스의 정체

메르스는 메르스 코로나 바이러스의 감염으로 발생한다. 2~12일 정도의 잠복기를 거치며 감기와 비슷한 발열, 기침, 호흡곤란, 그리고 급속히 심각해지는 폐렴이 메르스의 주된 증상이다. 설사 증상이 동반되는 경우가 약 30퍼센트에 이른다.

지금까지 메르스로 확인된 모든 환자에게 호흡기 증상이 나타났고, 대부분 중증급성호흡기증상으로 입원했다. 심한 바이러스성 폐렴과 함께 급성 호흡곤란 증후군 또는 다발성 장기 부전을 일으키며, 신부전을 일으키는 경우도 많다.

출현한 지 4년이 지났고 다수의 감염자와 희생자가 나왔지만, 메르스는 여전히 밝혀지지 않은 부분이 많다. 중동에서 사망한 메르스 환자 대부분이 이슬람교도인데, 종교적 이유에서 사망자의 부검이 거의 이루어지지 않는다는 사실 또한 발병 원인을 밝히기 어렵게 만들고 있다.

당뇨병이나 만성 폐질환, 면역 억제·결핍 상태 같은 기저 질환이 있는 사람은 중증으로 발전하기 쉽고, 고령자는 위험성이 높다. 한국의 희생자 중 다수가 기저 질환을 갖고 있던 고령자였다. 그러나 기저 질환이 없는 젊은 성인도 치명적이 된 사례가 있기에 주의가 필요하다.

중동의 메르스 치사율은 한국보다 높아서 30퍼센트가 넘는다. 그러나 어린이나 젊은 세대를 중심으로 한 연령층에서 가벼운 증세를 보이거나 무증상감염자가 존재할 가능성이 있는데, 이들은 진단을 받지 않아 감염자 통계에 잡히지 않았을 것이므로 실제 치사율은 좀 더 낮을 것으로 생각된다. 한편 이런 무증상감염자가 많다면 자신이 감염되었음을 깨닫지 못한 채 주위에 메르스 바이러스를 전파시킬 가능성이 있기 때문에 유행을 통제하기가 어려워진다.

메르스는 어디에서 왔을까?

메르스 코로나 바이러스는 단봉낙타나 박쥐 등에게서 검출된다. 바이러스의 유전자를 이용한 계통 분석에 따르면 메르스 코로나 바이러스의 기원은 박쥐의 바이러스로 추정된다. 하지만 중동에서는 사람의 메르스 감염이 계속되고 있는데, 사람과 박쥐가 직접 접촉하는 일은 거의 없기 때문에 박쥐가 감염원이라고는 생각하기 어렵다. 그래서 사람과 접촉할 가능성이 있는 다양한 동물에 대해 조사가 이루어졌고, 조사 결과 중동의 단봉낙타가 메르스의 중간숙주로 활동하고 있을 가능성이 강하게 의심되고 있다.

단봉낙타에 메르스 코로나 바이러스를 인공적으로 감염시킨 실험에서는 감염된 낙타가 코감기 같은 증상을 보였고, 약 1개월에 걸쳐 인두(咽頭)에 다량의 메르스 바이러스가 존재했다. 또한 낙타의 젖과 오줌에서도 바이러스가 검출되었다. 실험 결과로 미루어 볼 때 낙타에게는 가벼운 감기를 일으키는 병원체이지만, 사육자 등 낙타와 긴밀하게 접촉하는 사람에게 감염·전파될 가능성이 있는 것으로 생각된다.

또한 단봉낙타에게서 분리된 메르스 코로나 바이러스 유전자와 그 지역의 메르스 감염자에게서 분리된 바이러스 유전자의 특징이 일치한다는 점도 낙타로부터 사람에게로 감염되었을 가능성이 강하게 의심되는 이유 중 하나다. 여기에 중동 지역에 사는 사람의 혈액에서 메르스에 대한 항체를 조사한 결과에 따르면 낙타 사육자의 메르스 항체 양성률이 높았다. 다시 말해 많은 낙타 사육자가 과거에 낙타를 통해 메르스에 감염된 적이 있다는 것을 의미한다.

이 같은 사실을 종합해 보면, 사육자 등 낙타와 밀접하게 접촉하는 사람이 먼저 메르스 코로나 바이러스에 감염되고 그 감염자가 다른 사람에게 전염시켰을 것으로 추정되었다.

낙타와의 접촉은 위험

2014년 메르스에 걸렸던 말레이시아인은 사우디아라비아에서 낙타 젖을 마시고 8일 후에 메르스 증상을 보였다. 중동에서는 이처럼 낙타 젖을 마시고 메르스 바이러스에 감염된 것으로 보이는 사례가 다수 보고되고 있으니 살균 처리가 되지 않은 낙타 젖이나 생고기 등을 섭취하지 않는 것이 현명하다.

메르스의 예방 백신은 아직 개발되지 않았다. 낙타는 메르스 코로나 바이러스를 보유하는 중간숙주이므로 중동 지역 등 메르스 발생·유행 지역을 방문할 때는 낙타에 가까이 가지 않을 것을 권한다.

메르스 환자가 많이 발생하는 사우디아라비아에서는 유명한 자나드리아 문화 축제 때 낙타 경주가 열리는데, 이와 같은 낙타와 사람의 밀접한 접촉은 메르스 바이러스 감염의 위험을 높인다. 관광지에서 낙타를 타는 행위도 삼가야 한다. 또한 낙타는 위협의 표시로 침을 뱉기도 하므로 낙타와는 거리를 둘 필요가 있다.

왜 메르스가 문제일까?

중동에서는 최근 들어 급속한 도시화가 진행되고 있다. 사람들은 고층 건물이 즐비한 거리에서 근대적인 일상생활을 보내게 되었다. 이러한 생활환경의 변화는 박쥐를 기원으로 하고 낙타를 중간숙주로 삼는 메르스 바이러스에 어떤 영향을 끼칠까?

과거에 중동 사람들은 낙타와 밀착된 생활을 했고, 그 과정에서 유소년기부터 메르스 바이러스에 노출되었을 것이다. 어린 시절 메르스 바이러스에 처음 감염되면 그 증상이 가벼운 정도에 머무르거나 무증상감염으로 끝나는 등 대수롭지 않은 병으로 지나갔을 것이다. 그러나 도시에서 낙타와 접촉할 일이 없이 살다가 성인이 되어(특히 중년 이상) 메르스 바이러스에 처음 감염되자, 쉽게 중증이 되어 건강 피해가 표면화되었을 가능성이 있다. 처음 감염되는 연령대가 어린이에서 어른으로 옮겨 갔기 때문에 메르스는 중년, 노년에서 자칫하면 치명적이 되는 심각한 질환이 되어 나타났다는 추측을 해볼 수 있다.

일반적으로 코로나 바이러스는 동물의 종을 뛰어넘어서 감염되지 않는다. 그러나 사스 코로나 바이러스와 메르스 코로나 바이러스는 종을 뛰어넘어서 인간에게 감염되고 심각한 폐렴 증상을 일으킨다. 사스 코로나 바이러스는 중국 남부의 박쥐를 기원으로 하는 바이러스로 추정되며, 사람에게 쉽게 감염되도록 유전자 변이를 일으킨 결과 유행이 발생했다. 메르스도 이처럼 유전자 변이를 일으켜 사람에서 사람에게로 감염·전파하는 효율성이 좋아진 결과 유행이 발생할 위험성이 있다.

그런 까닭에 WHO는 2013년 메르스의 최초 감염 환자가 확인·보고된 뒤 메르스가 사스처럼 국경을 초월한 유행을 일으킬 위험성이 있다는 경고를 지속적으로 하고 있다.

아무리 귀여운 낙타라도 감염되지 않도록 조심하자!

지카바이러스감염증

감염된 임산부는
소두증 아기를 출산

 원숭이의 발열

1947년 아프리카 우간다의 도시인 엔테베 근교에 있는 지카숲에서 연구자들은 황열 바이러스를 분리하기 위해 히말라야 원숭이를 가둔 우리를 나무 위에 올려놓아 이집트숲모기(황열 매개 모기)에 물리도록 했다. 이윽고 원숭이가 발열 증상을 보이자 황열 바이러스를 분리하기 위해 혈액을 채취했는데, 그 혈액에서 발견한 것은 황열 바이러스가 아니라 미지의 바이러스였다. 지카 바이러스는 이렇게 우연히 발견되었다.

사람에게서는 1968년 나이지리아에서 처음으로 지카 바이러스가 발견되었다. 또한 이집트숲모기가 아닌 다른 모기종(흰줄숲모기)에서도 지카 바이러스가 발견되어, 이집트숲모기나 흰줄숲모기 등 모기가 바이러스의 매개체라는 사실이 밝혀졌다. 앞으로 지카바이러스감염증이 발생한다면 뎅기열 바이러스와 마찬가지로 흰줄숲모기도 지카 바이러스를 사람에게 옮길 수 있다.

지카 바이러스가 발견되고 60년 동안은 이렇다 할 유행이 발생하지 않았다. 최초의 유행은 2007년 미크로네시아의 야프섬에서 발생했는데, 3세 이상의 섬 주민 약 7,000명 중 73퍼센트가량이 감염되었다. 이때 감염자 대부분은 무증상감염이었다. 또한 2013년 9월부터는 프랑스령 폴리네시아에서 유행이 발생했는데, 감염자는 3만 명으로 추정되었고 중증 환자는 약 70명에 이르렀다. 이 유행은 2014년에 누벨칼레도니와 쿡제도, 칠레의 이스터섬까지 파급되었다.

2015년부터는 브라질에서 유행이 시작되었고, 2017년 2월 현재 아시아와 아프리카 등 세계 각지로 감염이 확대되었다. 바이러스 유전자를 해석한 결과에 따르면, 브라질에 지카 바이러스가 유입된 원인은 2014년 6~7월에 열린 월드컵으로 비롯된 사람들의 이동과 교류로 추정된다.

그리고 브라질 리우데자네이루 올림픽의 개최가 코앞으로 다가온 2016년 5월 세계 20개국의 의사와 과학자, 연구자 200명이 지카 바이러스가 유행하는 지역에서 올림픽이 개최됨에 따라 바이러스가 세계적으로 확산될 것을 우려해 올림픽 개최를 연기하거나 개최지를 변경하기를 요구하는 공개서한을 WHO에 제출했다. 공개서한은, 지카바이러스감염증이 발생하고 있는 브라질에 올림픽을 관전하러 찾아온 전 세계 사람들이 감염되었을지도 모르는 상태로 귀국하면 지카 바이러스가 세계 각국으로 확산되어 대유행이 시작될 수 있으니 그런 위험을 미리 피해야 한다는 내용이었다. 이에 대해 WHO는 리우데자네이루 올림픽을 중지하거나 연기해야 할 공중보건학적 정당성이 없다며 거부했다. 이미 지카 바이러스의 유행지는 세계 60개국에 이르고 아메리카 대륙에서만도 35개국이며 이 유행 지역들을 사람들이 다양한 이유로 여행하고 있는 이상, 공중보건학적 견지에서 올림픽 개최지를 변경하거나 개최를 연기할 정당성은 없다고 주장했다.

게다가 WHO는 리우데자네이루 올림픽이 개최되는 8월에는 남반구인 브라질이 겨울철에 접어들기 때문에 모기에 물릴 가능성이 저하된다고 발표했다. 그러나 리우데자네이루는 적도와 가까운 아열대 지역이어서 겨울철에도 평균 최고기온이 섭씨 26도이므로 모기가 충분히 활동할 수 있는 환경이다. 하물며 관광객의 모국은 대부분 북반구여서 여름이므로 만약 감염된 채 귀국한다면 감염자를 기점으로 모기가 매개체가 되어 바이러스가 확산될 가능성이 있었다. 참고로 모기가 활동하는 데 적합한 기온은 섭씨 23~31도이며, 26도가 넘으면 흡혈 활동이 활발해진다.

지카바이러스감염증이 올림픽 개최지의 변경 논란까지 일으킨 이유는, 임산부가 감염되면 태반을 통해 태아에게 감염되어 아기가 소두증을 비롯한 여러 가지 중대한 장애를 안고 태어날 위험성이 있는 무서운 감염병이기 때문이다.

소두증 신생아의 급증

지카바이러스감염증에는 '지카바이러스병'과 '선천성 지카바이러스감염증'의 2가지가 있다.

먼저 지카바이러스병에 관해 살펴보자. 지카 바이러스에 감염되면 2~12일(대부분은 2~7일)의 잠복기를 거친 뒤 가벼운 발열과 두통, 발진, 결막염, 관절통이나 근육통 등의 증상이 나타난다. 하지만 감염되어도 증상이 나타나지 않거나 나타나더라도 알아차리지 못하는 경우가 80퍼센트에 이른다.

이처럼 지카바이러스병은 대부분의 경우 증상이 가볍고 예후가 좋은 감염병이다. 일단 감염되면 면역이 생기는 것으로 알려져 있어서 공중보건상 딱히 문제가 되지 않는 가벼운 병으로 여겨 왔다. 지카열이라고도 불리며 브라질에서 폭발적으로 감염이 유행하기 전까지는 많은 연구자와 의사가 이름조차 들어 본 적이 없는 바이러스 감염병이었다. 그런데 지카바이러스감염증이 크게 유행하던 브라질에서 2015년 11월 초부터 소두증 신생아가 급증한 사실이 보고되면서 큰 문제가 되기 시작했다.

소두증은 본래 매우 희귀한 질환이다. 태아기부터 영유아기에 뇌가 충분히 발달하지 못하고 두개골의 성장이 충분하지 못한 탓에 뇌 기능의 발달이 뒤떨어져 지적장애나 운동장애, 경련 등을 일으키는 심각한 선천적 장애다. 단순히 머리 크기가 보통보다 작은 상태를 일컫는 말이 아니라 다양한 선천 이상의 집합체로 이해되고 있다. 지카 바이러스 감염이 일으키는 또 다른 병인 선천성 지카바이러스감염증은 지카 바이러스가 태아에게 감염되어 소두증과 같은 중대한 장애를 일으키는 무서운 감염병인 것이다.

WHO가 비상사태를 선언

2015년 11월 지카 바이러스가 유행하여 이에 감염된 임산부의 소두증 신생아 출산이 잇따르자, 브라질 정부는 국가 비상사태를 선언했다. 다만 이때에는 지카 바이러스 감염과 소두증 발생의 인과관계가 아직 확실하지 않은 상태였다. 지카 바이러스 감염이 소두증의 원인임이 확정된 것은 그로부터 약 반년 뒤인 2016년 4월이다. 브라질 정부는 "임신 3개월 미만의 임산부가 지카 바이러스를 가진 모기에 물려 감염되면 신생아가 소두증이 될 위험성이 높아진다"라고 국민에게 경고했다.

그 후의 조사와 연구에 따르면, 임신 초기뿐 아니라 중기에도 주의가 필요하며 임신 6개월이 넘어가면 소두증 발생의 위험성이 낮아지는 것으로 생각되었다. 그러나 이미 많은 임산부가 감염된 것으로 추측했으므로 소두증 신생아가 증가하지 않을까 하는 우려가 있었다. 그리고 우려는 현실이 되었다. 2015년 12월 27일부터 2016년 1월 3일까지 약 일주일 사이에 브라질에서 소두증이 의심되는 신생아가 무려 3,530명 태어났다. 이것은 브라질에서 출생한 신생아의 무려 1퍼센트에 이르는 무시무시한 수였다.

이러한 사태가 발생하자 WHO는 지카바이러스감염증의 유행을 세계적인 보건 위기로 판단하고 2016년 2월 1일 '국제적으로 우려되는 공중보건상의 긴급사태'를 선언하며 지카 바이러스의 확대를 세계에 경고했다. WHO의 당시 사무국장 마거릿 챈은 "지카 바이러스에 감염된 임산부의 소두증 신생아 출산과 지카 바이러스 감염의 인과관계가 아직 의학적으로 증명되지는 않았지만, 뇌의 발달 장애를 일으킨 신생아가 다수 태어나고 있다는 사실은 매우 충격적이기에 공중보건상의 위기 선언 발령의 의의를 인정한다"라고 말했다.

이때 지카 바이러스의 유행은 브라질뿐 아니라 중남미를 중심으로 20개국에 확산되어 있었다. 이후 유행 지역은 더욱 확대되었고, 감염자와 소두증 신생아, 지카 바이러스 감염의 합병증인 길랭·바레 증후군 환자가 계속해서 보고되었다. 2017년 1월 현재 세계 70개국 이상으로 확대되어 중남미, 오세아니아, 태평양 제도, 아프리카(카보베르데공화국)는 물론 태국, 베트남, 필리핀 등 아시아까지 유행 지역이 되었다.

검역으로는 막을 수 없다

2017년 1월 현재 아시아 여러 나라에서 지카 바이러스의 발생·유행이 일어나고 있다. 특히 태국에서는 소두증 신생아의 발생이 2건 보고되었다.

공항의 입국장과 출국장에서 지카바이러스감염증에 대한 주의를 환기시키는 포스터를 본 적 있는 사람도 있을 것이다. 애초에 감염자 5명 중 1명에게만 증상이 나타나기 때문에 검역으로 지카 바이러스의 침입을 방지하기는 불가능하다. 비접촉식 온도

계(서모그래피)를 사용해 발열 상태를 확인하지만, 지카바이러스감염증의 경우 38도 이상의 발열이 나타나는 일은 드물다.

무증상감염자는 지카 바이러스에 감염되었음을 자각하지 못하기 때문에 자신이 감염원이 되리라고는 꿈에도 생각하지 않는다. 그러나 이런 무증상감염자의 혈액 속에는 많은 지카 바이러스가 존재한다. 무증상감염 상태의 임산부, 즉 감염 사실을 모르는 임산부가 소두증 아기를 낳은 무서운 사례도 보고되었다. 지카 바이러스의 유행지에서는 여성들이 임신을 미루거나 주저하고, 임산부들은 지카 바이러스 감염의 두려움에 떨며 임신기를 보내고 있는 것이다.

브라질에서는 2015년에 시작된 지카 바이러스의 대유행으로 2017년 1월까지 2,289명의 소두증 신생아가 확인되었고, 소두증이 의심되는 아기는 3,144명에 이른다. 또한 미국 질병통제예방센터의 보고에 따르면, 출산 시에는 정상으로 보였으나 나중에 심각한 뇌 장애를 일으키며 소두증이 발병하는 경우가 있다고 한다. 두부(頭部)의 성장이 늦어져 신경 계통의 합병증을 일으키기 때문에 아기 엄마들이 선천성 지카바이러스감염증에 걸린 아기를 끌어안고, "지카 바이러스가 이렇게도 잔혹한 것인 줄 몰랐습니다. 아기에게 정말 미안해요"라며 눈물을 흘리는 모습이 보도되기도 했다.

모기에 물리지 않는 것이 최선

지카 바이러스는 감염된 사람과의 성행위를 통해서도 감염된다. 감염된 남성의 정액에는 무려 2개월 이상 지카 바이러스가 존재한다. 지카바이러스감염증은 성 매개 감염병(성적 접촉에 의한 감염)이기도 한 것이다. 감염된 여성과 성행위를 한 남성이 감염된 사례도 보고되었다. 그래서 유행지에서 귀국한 사람은 증상이 있든 없든 성관계 상대가 가임 여성 또는 임산부라면, 6개월 동안 콘돔을 사용해 안전한 성행위를 하거나 자제할 것을 권장하고 있다.

지카 바이러스의 감염 전파 사례를 시뮬레이션해 보자. 어떤 남성이 지카 바이러스가 유행하는 아시아 지역으로 출장을 갔다가 현지에서 모기에 물렸다. 지카 바이러스에 흔한 무증상감염이라 감염된 줄 모르고 귀국한다. 귀국 후 평범하게 생활하는 가운데 아내와 성행위를 해서 지카 바이러스를 감염시켰는데, 아내는 하필 임신 초기였다. 이런 일은 충분히 일어날 수 있다. 또한 2개월 이상에 걸쳐 정액에서 지카 바이러스가 배출되기 때문에 임신과 감염이 동시에 일어날 수도 있다.

지카 바이러스의 예방 백신 또한 아직 개발되지 않았다. 과학자들은 실용화까지는 최소한 몇 년은 걸릴 것으로 예상하고 있다. 게다가 이 바이러스에 효과적인 치료제가 아직까지는 없다.

그런 까닭에 현재 인류가 갖고 있는 지카 바이러스 대항책은 모기에게 물리지 않도록 주의해야 한다는 소극적인 수준에 머물러 있다.

뎅기열

기후 변화로 온대 지역도 뎅기 바이러스에 노출

70년 만의 일본 내 감염

뎅기열은 모기가 매개하는 감염병으로, '뼈가 부러지는 것처럼 고통스러운 열병(break-bone fever)'이라고 불릴 만큼 격렬한 통증을 동반한다. 뎅기열의 병원체는 뎅기 바이러스인데, 뎅기 바이러스와 그 주된 매개체인 이집트숲모기 모두 기원은 아프리카인 것으로 생각되고 있다. 아프리카의 풍토병과 이집트숲모기가 노예선을 타고 대서양을 건너 서인도제도와 미국에 전해진 것이 이 감염병이 세계적으로 널리 확산되는 계기가 되었다.

최초로 기록된 뎅기열의 유행은 1779~1780년에 발생했다. 이 때 뎅기열은 북아메리카를 집어삼켰다. 미국 필라델피아의 의사인 벤저민 러시(Benjamin Rush)는 이런 기록을 남겼다.

"열과 함께 머리, 등, 손발에 강렬한 통증이 동반된다. 두통은 때로는 후두부, 때로는 안구부를 덮친다. 모든 계층의 사람이 이 병을 '뼈가 부러지는 것처럼 고통스러운 열병'이라고 부른다."

갑작스러운 고열에 마치 뼈가 부러진 것은 아닐까 싶을 정도로 엄청난 관절통과 근육통 때문에 '골절병'이라고 부르기도 했다고 한다.

이후에도 뎅기 바이러스는 매개 모기와 함께 유행 지역을 확장하여 19세기에는 주로 카리브제도부터 중앙아메리카 지역에, 20세기에는 열대·아열대 지역에 광범위하게 확산되어 이 지역들에 뿌리를 내렸다. 점점 온대 지역으로까지 퍼져 이 지역들에서 계절적 유행(여름철)이 반복적으로 일어났다.

일본에서는 1942~1945년 오사카와 고베, 나가사키 등지를 중심으로 뎅기열이 유행해 전국에서 약 20만 명의 환자가 발생했다. 뎅기 바이러스에 감염된 선원이 동남아시아에서 수송선을 타고 일본에 들어왔고 바이러스는 일본에 서식하는 흰줄숲모기를 매개체로 유행을 일으켰다. 당시 화재가 일어날 때를 대비해 곳곳에 물통을 두었었는데 그곳에서 장구벌레가 성충인 모기가 되었고, 선박에는 현지에서 싣고 온 물이 저장되어 있었다. 뎅기열 유행은 항구가 있는 지역을 중심으로 일어났기 때문에 제2차 세계대전 중인 일본과 동남아시아 사이를 오가던 선박이 원인으로 생각된다. 동남아시아의 전쟁터로 보내진 일본군 사이에서도 뎅기열이 만연하여 전쟁이 끝난 뒤 귀국한 병사들을 통해 뎅기열 유행이 발생했다. 그 뒤로는 일본에서 뎅기열의 감염 사례가 보고되지 않았다.

그런데 약 70년 만인 2014년 여름 일본에서 150명 이상이 감염되는 유행을 일으켰다. 도쿄 중심부의 공원을 기점으로 감염자가 각지로 이동한 사례가 발견되어 크게 보도되었다. 이때 뎅기열 증세가 최초로 확인된 사례는 18세의 여학생이었는데, 도쿄 시내 요요기공원에서 뎅기 바이러스를 보유한 흰줄숲모기에 물려 감염되었다. 함께 공원에 갔던 친구 2명 역시 같은 시기에 같은 증상이 나타났으며, 그 밖에도 이 공원에서 감염된 환자가 여럿 발생했다.

아마도 외국에서 뎅기 바이러스에 감염되어 혈액 속에 뎅기 바이러스를 가지고 있던 사람이 공원을 찾았다가 흰줄숲모기에게 물렸고, 그 흰줄숲모기가 공원에 있던 사람들을 물어 뎅기열 바이러스를 옮긴 것으로 생각된다. 공원에서 사람 → 모기 → 사람의 뎅기 바이러스 감염 고리가 형성되었고, 이렇게 해서 감염

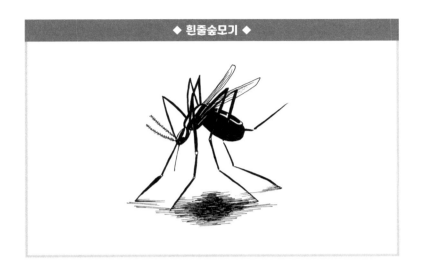

◆ 흰줄숲모기 ◆

된 사람이 인근에 위치한 다른 공원으로 이동하자 또 그곳이 감염 지역이 되었을 것이다.

정부는 공원을 폐쇄하고 대규모 모기 구제 작업을 벌였으며, 이어서 모기 방지 대책을 실시했다. 그 덕분에 2015년과 2016년에는 뎅기열에 감염되었다는 보고가 없었다.

그러나 지구 온난화에 따른 모기 서식지의 확대와 강수량의 증가 같은 기후 변화의 영향으로 2085년에는 뎅기열 위험에 노출되는 인구가 52억 명까지 확대될 것이라고 내다보는 연구자도 있다. 온대 지역은 뎅기열과 관계없다며 안심하고 있을 수만은 없는 상황으로 진행되고 있는 것이다. 매년 수많은 사람이 해

◆ 온난화로 북상하는 흰줄숲모기 ◆

● 확인 지역
○ 미확인 지역

2010년
아키타
2000년
야마가타
센다이
~1950년
가루이자와
닛코

100km

외여행을 떠나고, 각국은 관광객을 유치하기 위해 다양한 계획을 세운다. 이런 상황에서 앞으로는 다양한 병원체의 침입에 노출될 수밖에 없다.

특히 뎅기열은 우리에게 위협이 될 가능성이 있다. 아직은 생소한 감염병이지만, 사실은 우리의 코앞에 와 있다. 뎅기 바이러스는 2번 이상 감염되면 치명적인 뎅기 출혈열이라는 무서운 감염병으로 변할 수 있다.

발병하는 환자는 연간 1억 명

뎅기열은 주로 동남아시아와 중남미, 아프리카 등의 열대·아열대 지역에서 폭넓게 유행하고 있다. 128개국의 39억 명이 넘는 사람이 유행 지역에 살고 있으므로 세계 인구의 절반 이상이 감염 위험에 노출되어 있는 셈이다. 연간 감염자 수는 3억~5억 명에 이르고, 발병 환자의 수는 1억 명이나 된다. 발병 환자 가운데 50만 명은 뎅기열이 심각해져 뎅기 출혈열을 일으키고, 이 가운데 2.5퍼센트가 사망한다. 뒤에서 이야기하겠지만, 뎅기 바이러스 감염증에는 뎅기열과 뎅기 출혈열 2가지가 있다. 종종 뎅기열만 보도되기 때문에 뎅기 바이러스 감염증 문제의 본질이자, 치명적이어서 생명을 위협할 수 있는 뎅기 출혈열에 관해서는 거의 알려져 있지 않다.

동남아시아의 말레이시아, 필리핀, 베트남, 싱가포르, 대만에서는 뎅기열 환자가 급증하고 있다. 앞에서 언급한 국가에서 입국한 외국인 또는 귀국한 내국인이 뎅기열 증상을 보인 사례가 많다. 일본의 경우 2000~2009년에는 매년 수십 명에서 100명가량이 보고되었고, 최근에는 200명 이상으로 증가하는 경향에 있다. 2013년도에는 역대 최다인 249명이, 2014년에는 앞에서 설명한 일본 내 감염이 발생했다.*

이렇게 보고된 숫자는 빙산의 일각일 것이다. 동남아시아 국가에서 매년 500만 명이 넘는 사람이 일본에 입국하는데 뎅기 바이러스 검사를 받는 감염자는 극히 일부에 불과하다. 증상이 나타나서 의료 기관을 찾아갔지만 뎅기열로 진단되지 않는 경우 역시 많을 것이다. 공원에서 감염된 여학생을 진단한 연구실은 해외 감염병에 대한 지식이 풍부하고 과거에도 뎅기열 환자를 여러 차례 경험한 적 있는 특별한 의료 기관이었다.

동남아시아 국가를 비롯한 뎅기열 유행 지역과 교류가 활발한 일본으로서는 입국하는 외국인이나 해외에서 귀국한 사람이 몸속에 가지고 들어온 뎅기 바이러스가 흰줄숲모기를 매개체로 감염을 일으키는 것 자체가 충분히 예상 가능한 일이었다.

열대·아열대의 뎅기열 유행지에서 뎅기 바이러스의 매개체가 된 이집트숲모기는 흰줄숲모기보다 효율적이면서 강력하게 바이러스를 옮긴다. 이집트숲모기는 과거에 오키나와나 오세아니아와 가까운 오가사와라제도에 서식했다. 1944년부터 3년 동안은 규슈 구마모토현에서도 서식이 확인된 바 있었다. 1955년 이후로는 일본 내에서 서식한다는 보고가 없지만, 비행기를 타고 온 이집트숲모기가 국제공항에서 발견된 사례는 종종 있었다. 여름철에는 도쿄의 하네다공항이나 나리타공항의 공항 부지에

---

* 한국에서는 2014년 한 해 동안 동남아시아 지역 여행객 중 165명이나 뎅기열에 걸렸다.

서 이집트숲모기의 유충이 발견된다. 이집트숲모기는 월동을 하는 습성이 없는 데다 유충인 장구벌레는 섭씨 7도 이하의 물에서는 죽는다. 그러나 공항 터미널이나 역, 빌딩 등 인공적인 공간에서는 항상 적절한 실내 온도가 유지되기 때문에 수온이 섭씨 7도 아래로 내려가지 않는 웅덩이가 있기 마련이다.

🦠 뎅기 바이러스 공포의 본질과 뎅기 출혈열

뎅기 바이러스에 감염되더라도 실제로 병을 일으킬 확률은 20~50퍼센트 정도로 알려져 있다. 그러나 병원체에 감염되었지만 증상이 나타나지 않는 무증상감염자의 혈액 속에도 뎅기 바이러스가 존재하며, 이 감염자를 흡혈한 모기가 매개체가 되어서 다른 사람에게 뎅기 바이러스를 감염시킨다.

앞에서 이야기했듯이 뎅기 바이러스가 일으키는 감염병에는 뎅기열과 뎅기 출혈열이 있다.

뎅기열은 주로 뎅기 바이러스에 처음 감염되었을 때 발생하는 병으로, 뎅기 바이러스를 가진 모기에게 물리면서 감염이 시작된다. 감염된 지 약 3~7일 후에 고열을 일으키며 심한 두통과 구토, 관절통, 근육통, 눈 속이 아픈 안구통 등이 나타난다. 그리고 피부에 출혈성 반점이나 섬 모양으로 하얗게 탈색되는 홍반과 같은 발진이 나타난다. 일주일 정도가 지나면 증상이 완화되고 보통은 후유증 없이 회복된다.

한편 뎅기 출혈열은 뎅기 바이러스에 두 번 이상 감염되었을 때 일어나고 출혈을 동반하는 치사율이 높은 심각한 질환이다. 뎅기 바이러스는 네 종류의 혈청형이 있는데, 가장 처음 감염된 뎅기 바이러스와 다른 혈청형의 뎅기 바이러스에 2차 감염되면 뎅기 출혈열이 발병하는 것으로 알려져 있다. 뎅기 출혈열이야말로 뎅기 바이러스가 일으키는 감염병 공포의 본질이다.

뎅기 출혈열은 뎅기 바이러스에 감염된 뒤 뎅기열과 똑같은 증상을 보이던 환자 중 일부가 열이 내려 평열 상태로 돌아갈 무렵 갑자기 혈장(혈액에서 백혈구와 적혈구, 혈소판 같은 혈구 이외의 액성 성분) 누출이나 출혈 경향을 보이며 증상이 악화되면서 쇼크 증상을 일으키는 무서운 병이다. 적절한 치료를 받지 못하면 치사율이 높다. 뎅기 바이러스에 처음 감염되었다가 회복한 환자가 다시 감염되면 뎅기 출혈열을 일으킬 위험성이 높아지며, 전 세계에서 연간 50만 명의 뎅기 출혈열 환자가 발생하고 있다.

특히 어린이에게 많이 발생하는데, 불안·흥분 상태가 되고 식은땀을 흘리는 증상을 보이며 매우 자주 흉수나 복수가 찬다. 간이 붓고 혈소판이 현저하게 감소하며, 혈장 응고 시간이 길어진다. 피부 점막에서의 점상 출혈이나 코 또는 잇몸에서의 출혈, 심해지면 소화관 출혈에 따른 혈변이나 성기에서의 출혈도 일어난다. 병명은 뎅기 출혈열이지만 이런 출혈 증상을 보이는 경우는 20퍼센트 정도에 불과하므로 출혈이 없더라도 뎅기 출혈열의 가능성을 고려해 보아야 한다. 오히려 이런 경우 복막, 흉막, 폐포, 뇌척수막 등 온몸에서의 혈장 누출로 몸속의 순환 혈액량이 부족해져 생명의 위기에 직면한다. 증상이 나아지기도 하지만, 적절한 치료가 이루어지지 않으면 혈압이 더욱 내려가고 맥박이 약해지며 팔다리가 차가워지면서 쇼크 상태에 빠진다.

이처럼 뎅기 출혈열은 신속하고 적절하게 치료하지 않으면 죽음에 이를 수 있는 중대한 질환이다. 현재는 적절한 치료 덕분에 치사율이 2.5퍼센트 정도에 그치지만, 치료를 제대로 받을 수 없는 지역도 광범위하므로 해외에 갈 때는 반드시 뎅기 바이러스 감염증에 관해 알아 두어야 한다.

온대 지역에서 유행할 가능성

지금까지 일본에서는 1형부터 4형까지 모든 혈청형의 뎅기 바이러스가 검출되었다. 2014년의 감염 사례는 1형 바이러스였지만, 다른 혈청형의 뎅기 바이러스가 유입되어 감염자를 낼 가능성이 있다.

대만 중북부에는 흰줄숲모기가 살고 있는데, 가까운 아시아 국가에서 유입된 뎅기 바이러스가 이 흰줄숲모기를 매개체로 삼아 유행을 일으키는 일이 반복되고 있다. 대만은 해마다 이웃 나라에서 다른 혈청형의 뎅기 바이러스가 유행하면 다양한 혈청형의 뎅기 바이러스가 국내로 유입되어 중증화한 뎅기열(뎅기 출혈열 포함)이 발생할 것을 걱정한다.*

지구 온난화로 모기 서식 지역이 확대되었을 뿐 아니라 기온과 수온이 상승해 모기 유충의 성장 속도가 빨라져 짧은 기간에 성충이 되어 효율적으로 자손을 남길 수 있게 되었다. 그 결과 모기의 서식 밀도가 높아져 사람을 흡혈하는 빈도가 증가하고, 이에 따라 뎅기 바이러스 감염증의 위험이 높아질 것으로 예상한다.

한편 모기가 바이러스의 매개체 역할을 하며 아프리카와 인도양, 남아시아, 동남아시아의 풍토병으로 여겨져 온 치쿤구니야열이라는 감염병이 있다. 이 감염병이 2005년 이후 인도양의 국가들에서 주로 흰줄숲모기를 매개체로 하여 대유행을 일으켰는데, 이때 병원체인 치쿤구니야 바이러스가 숙주 세포에 침입할 때 중요한 역할을 담당하는 단백질이 약간의 변이를 일으키면, 흰줄

---

* 한국에서는 다행스럽게도 이집트숲모기가 서식하고 있지 않아 당장은 바이러스 확산 위험은 없다. 그러나 지구 온난화로 이집트숲모기가 한국(제주 등)까지 서식 환경을 넓히게 되면 상황은 완전히 달라질 것이다.

숲모기의 몸속에서 바이러스의 증식 능력이 100배나 높아진 사실이 밝혀졌다.

바이러스가 약간의 변이를 일으키자 현재 치쿤구니야 바이러스는 흰줄숲모기에 적응해서 세계적인 유행을 일으키고 있다. 만약 이러한 일이 뎅기 바이러스에도 일어난다면 흰줄숲모기의 몸속에서 바이러스의 증식 능력이 비약적으로 커져 사람에게 뎅기 바이러스를 매개하는 능력이 극적으로 높아질 것이고, 흰줄숲모기가 주된 매개체가 되는 온대 지역에서 대규모 유행이 발생할 것이다. 뎅기 바이러스 감염증은 앞으로가 더 큰 문제인 무서운 감염병이다.

말라리아

1년에 수십만 명이 희생되는 현재진행형 감염병

사람을 가장 많이 죽이는 생물은?

모기가 병원체를 매개하는 여러 종류의 감염병이 있는데, 이 감염병들로 인해 전 세계에서 연간 75만 명이 목숨을 잃는 것으로 추산된다. 희생자 수는 인간을 포함한 지구상의 생물을 통틀어 독보적으로 많은 수다. 그런 까닭에 모기는 세상에서 사람을 가장 많이 죽이는 '무서운 생물'이라고 할 수 있다.

모기가 매개하는 감염병 중에서도 가장 많은 사망자를 발생시키는 것은 말라리아다. 일본의 경우에는 연간 약 100명 정도가 발병하는데, 대부분 외국의 유행 지역에서 말라리아 원충에 감염된 채 귀국한 뒤 발병하는 환자다.*

전 세계의 열대·아열대 지역에서는 말라리아가 계속 유행하고 있다. 2013년 12월의 통계에 따르면 매년 약 2억 700만 명이 감염되고 이 가운데 62만 7,000명이 사망한다고 한다. WHO의 2011년 통계를 보면 말라리아가 유행하는 나라는 100개국에 달하며 연간 환자 수는 2억 명, 사망자 수는 200만 명이라고 한다. 세계 인구의 약 40퍼센트가 말라리아 유행 지역에서 감염 위험에 노출된 채 살고 있는 것이다.

사망자 대부분은 아프리카 사하라 이남에 사는 5세 미만의 유아들이다. 그 밖에 아시아, 특히 동남아시아와 남아시아, 파푸아뉴기니와 솔로몬제도 등의 남태평양제도, 중남미에서도 많이 발생한다.** 말라리아가 유행하는 지역에서 자라며 여러 차례 말라리아를 앓아 면역을 가지고 있는 현지인과 달리 그렇지 않은 지역에서 간 여행객들은 말라리아에 대한 면역이 전혀 없기 때문에 감염되기 쉽고, 진단이나 치료가 늦어지면 치명적이 될 수도 있다.

* 한국의 경우 해외 유입 감염자가 2018년 75명, 2019년 74명 발생했다.
** 한국도 말라리아 안전지대가 아니다. 2019년 한 해 말라리아 감염자가 485명이나 발생했다. 이 중 90퍼센트(437명)가 휴전선 접경 지역에서 발생했다.

열대열 말라리아

말라리아의 병원체는 말라리아 원충이다. 말라리아 원충을 가진 얼룩날개모기가 흡혈하면 감염된다. 몸속에 침입한 말라리아 원충은 적혈구에 기생하면서 무성생식(다수 분열)으로 늘어나 적혈구를 차례차례 파괴한다.

말라리아는 크게 열대열 말라리아와 삼일열 말라리아, 사일열 말라리아, 난형 말라리아 이렇게 네 종류가 있다. 특히 열대열 말라리아는 증상이 나타난 지 24시간 이내에 치료하지 않으면 치명적이 되어 때로 죽음에 이르는 무서운 질환이다.

2004년 말레이시아 보르네오에서 원숭이 말라리아 원충으로 인한 집단감염이 발생했는데, 그 뒤 동남아시아의 광범위한 지역에서 원숭이 말라리아가 사람에게 감염되어 문제가 되고 있다. 원숭이 말라리아에 감염된 사람 중에서도 사망자가 발생하고 있다. 말레이시아 이외에 동남아시아의 열대우림 지대에 널리 분포하고 있음이 밝혀지면서 원숭이 말라리아는 인간에게 감염되는 다섯 번째 말라리아로 등재되었다.

말라리아는 오한, 발열, 발한과 더불어 38도 이상의 고열과 해열이 반복적으로 나타난다. 그리고 두통, 오한, 권태감 등의 증상을 보이며 말라리아 원충이 적혈구를 파괴하고 혈액 속에 방출되는 시기에 주기적으로 발열을 일으킨다. 그 주기는 삼일열과

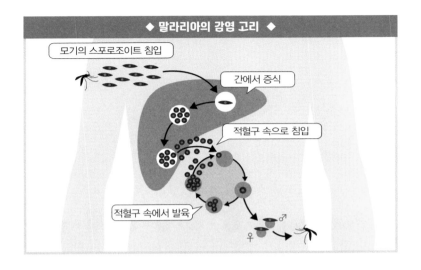

모기의 스포로조이트 침입

간에서 증식

적혈구 속으로 침입

적혈구 속에서 발육

난형 말라리아의 경우 48시간, 사일열 말라리아의 경우 72시간 이라고 하는데, 열대열 말라리아의 경우는 부정기적이고 짧게 고열이 계속된다. 증상이 진행되면 빈혈이나 피부 또는 눈의 흰자가 노래지는 황달이 나타나며, 더욱 진행되면 간과 비장이 부어오르고 지혈 작용을 하는 혈소판 수가 감소한다.

특히 열대열 말라리아는 증세가 중증 감염으로 발전하기 쉽고 뇌증, 신장증, 폐수종, 출혈 경향, 중증 빈혈 등 다양한 합병증을 일으켜 생명을 위협한다. 그렇기 때문에 열대열 말라리아는 치료를 최대한 빨리 시작해야 한다. 증상이 나타나고 치료를 시작하기까지의 기간이 6일을 넘기면 치사율이 매우 높아진다. 예방 백

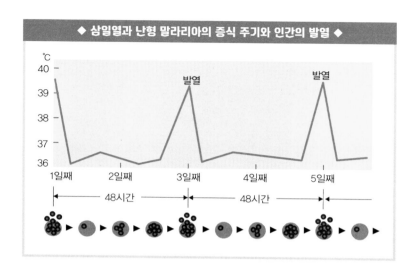

◆ 삼일열과 난형 말라리아의 증식 주기와 인간의 발열 ◆

신의 개발이 시급하지만, 말라리아 원충에 대한 백신은 개발되지 못하고 있는 형편이다.

더욱 우려되는 점은 말라리아 치료약에 내성을 가진 말라리아 원충이 발생하고 있다는 것이다. 일반적인 말라리아 치료약에 내성을 가진 말라리아 원충이 다수 보고되고 있어 치료약의 선택에 변화가 심해지고 있다.

 현대사회와 말라리아

말라리아는 오래전부터 인류를 괴롭혀 온 감염병으로,

이미 기원전 4세기 히포크라테스는 항상 발열하는 매일열, 하루 간격으로 발열하는 격일열, 4일 간격으로 발열하는 간헐열로 분류하여 기록했다. 지금도 세계 3대 감염병(에이즈, 결핵, 말라리아) 중 하나로서 공중보건의 큰 위협이 되고 있다. 인명 피해가 커지면 노동력 부족을 일으켜 경제 발전을 저해하고, 막대한 치료비 부담이 국가 재정을 압박함으로써 감염병 유행 국가의 빈곤을 초래한다.

지구 온난화로 말라리아 원충의 매개체가 되는 모기의 서식지가 확대되고 강수량의 증가로 유충의 서식 수역이 확대되고 있다. 이대로 지구 온난화가 진행된다면 서기 2100년에는 북아메리카, 유럽, 오스트레일리아까지 말라리아 유행 지역이 될 것이라는 연구 결과도 있다. 또한 기후 변화와 지구 온난화의 영향에 따른 이상기후로 홍수나 태풍·허리케인·지진과 같은 자연재해의 규모가 커지고 그 횟수가 증가하고 있는데, 자연재해는 얼룩날개모기의 서식 밀도를 높이는 요인이 되기에 말라리아의 유행이 일어나기 쉬워질 가능성이 지적되고 있다.

한편 지구 온난화로 가뭄과 사막화에 따른 피해가 심각한 지역에서는 농작물이 자라지 않아 사람들이 생활할 수 있는 곳으로 집단 이주를 하고, 또 전쟁과 분쟁을 피해 살던 곳을 떠나는 난민의 이동·유입이 일어난다. 많은 사람의 이동과 유입은 급속한 도시화와 인구 과밀화를 촉진하여 인프라가 취약한 거주 지역에서 밀집해 생활하게 되며, 위생 상태도 열악해 점차 슬럼화로 이어진다. 급속하게 확장된 지역에서는 얼룩날개모기의 서식 밀도가 높아지기 때문에 말라리아가 유행하기 쉬워진다. 이것이 도시형 말라리아로 이미 아프리카에서는 큰 문제가 되고 있다.

또한 말라리아에 대한 면역이 없는 사람이 유행 지역으로 이주해서 새로운 감염자가 되거나, 반대로 감염된 사람이 적혈구 속에 말라리아 원충을 보유한 채 비발생 지역으로 이동해 새로운 유행을 일으키기도 한다.

안전성과 유효성이 높은 말라리아 백신(특히 열대열 말라리아 백신)이 개발되고 실용화되어 폭넓은 지역에 보급되어야 하지만, 언제쯤 실현될지는 여전히 불투명하다.

지구 온난화, 인구의 급증, 분쟁과 난민 문제나 빈부 격차 등 해결하기 어려운 여러 문제를 안고 있는 가운데 치료약에 내성이 있는 말라리아 원충이 지속적으로 보고되고, 연간 수십만 명에 이르는 사망자가 나오고 있다. 말라리아의 창궐은 현재진행형이다.

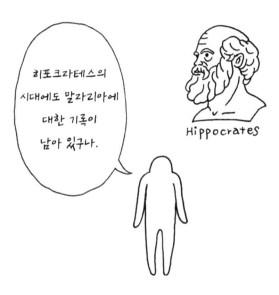

히포크라테스의
시대에도 말라리아에
대한 기록이
남아 있구나.

Hippocrates

매독

치매까지 나타나는 주의해야 할 감염병

일본은 다시 유행 중

일본에서 '매독'이라는 성 매개 감염병이 급증하고 있다. 매독은 매독균(트레포네마)에 감염되어서 발생한다. 과거에는 성 풍속과 관계가 깊었기 때문에 '화류병'으로도 불렸으며, 감염되면 폐인이 된다고 여겨진 무서운 감염병이다.

감염자의 피부나 점막과 직접 접촉함으로써 감염되는 매독은 항생 물질이 개발되어 불치병에서 적절한 치료를 받으면 낫는 병이 되었고, 이 때문에 '역사 속의 병'이라고 생각하는 사람이 많은 듯하다. 그러나 현재 일본에서는 매독 감염자가 급증하고 있으며 감염의 발견 또는 치료가 늦어져서 문제가 심각해지고 있는 것이다. 그야말로 '지금 주의를 환기해야 할 감염병'이 되고 있다. 젊은 세대와 관계가 깊은 감염병이라고 이해하기 바란다.

지금까지는 동성 간의 성행위를 통해 남성이 감염된 사례가 많았는데, 최근 들어서는 이성 간의 성행위에 따른 남성과 20대 여성의 감염이 급증하고 있다.

2016년에 보고된 일본의 매독 감염자 수는 4,518명에 이르렀는데, 이것은 1974년 이후 42년 만에 4,000명을 돌파한 것이다. 감염자의 76퍼센트는 15~35세의 여성으로, 20대 전반의 감염자가 특히 많았다. 2010년 이후 5년 동안 전체 감염자 수는 4배, 여성 감염자 수는 5배로 폭증했다. 더군다나 도쿄의 경우 여성 감염자 수가 10배가 되었는데, 이 정도면 비정상적인 상황이라고 할 수 있다.

뒤에서 이야기하겠지만, 매독은 증상이 다양하고 증상이 없는 기간도 있기 때문에 나았다고 착각하는 사람이 많다. 그러나 그 사이에도 병원체인 매독 트레포네마는 몸속에서 계속 증식하고 있으므로 이 무증상 매독 감염자를 통해서도 매독에 감염될 수 있다.

이처럼 본인도 매독에 감염되었음을 미처 깨닫지 못하는 수가

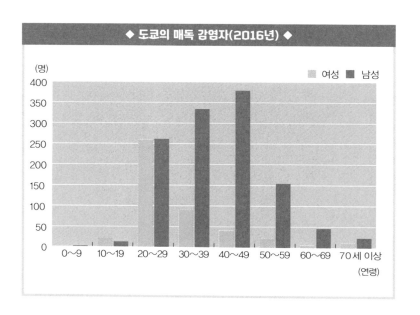

◆ 도쿄의 매독 감염자(2016년) ◆

(명)

■ 여성 ■ 남성

400
350
300
250
200
150
100
50
0

0~9 10~19 20~29 30~39 40~49 50~59 60~69 70세 이상

(연령)

있으므로 자신도 모르는 사이에 성관계 상대에게 감염시키기 쉽고, 치료가 늦어짐으로써 장기화와 중증화로 이어질 우려 또한 있다.

3주, 3개월, 3년이 기점

성 매개 감염병인 매독에는 선천성(태아가 감염자인 어머니에게서 감염)과 후천성(주로 성행위를 통한 감염)의 두 종류가 있다. 이 가운데 후천성 매독은 제1~4기로 분류한다. 잠복 기간은

1~13주이며, 가능한 한 빨리 항생 물질로 적절한 치료를 받기 시작하는 것이 중요하다.

제1기는 감염된 지 3주에서 3개월까지의 상태다. 음부, 구순부, 구강 내부 등 매독 트레포네마가 침입한 부분에 붉은 멍울이나 부종이 생기고 고름이 나온다. 대부분은 통증을 동반하지 않으며 자연스럽게 낫지만, 그렇다고 병원체가 없어진 것은 아니어서 몸속에 계속 존재한다. 제1기의 증상이 사라진 뒤 매독 트레포네마는 혈액 속으로 들어가 온몸으로 퍼진다.

제2기는 감염 후 3개월에서 3년까지의 상태로, 매독 트레포네마가 온몸으로 퍼져서 장미꽃잎처럼 생긴 '장미진'이 온몸에 생기며 사마귀 형태의 발진이 나타난다. 얼굴이나 손발에 동그란 분홍 반점이 나타나기도 한다. 이 시기에 나타나는 피부의 병변은 매독의 특징적인 증상이기에 진단하기가 용이하다. 감염자 대부분이 이때 의료 기관을 찾아가는데 이런 발진은 단기간에 사라지며 발진, 발열, 두통, 권태감이 반복된다. 치료를 받지 않더라도 약 1개월이면 증상이 사라져 증상이 없는 잠복 매독기로 이행한다. 그러나 항생 물질로 적절한 치료를 받지 않는 한 몸속의 트레포네마는 절대로 그냥 사라지지 않는다.

제3기는 감염된 지 3~10년까지의 상태다. 단단한 멍울이나 부종이 커지고 피부나 뼈, 근육 등에 고무종이라고 부르는 고무처럼 탄력이 있는 종양이 생긴다. 고무종이 코뼈에 생기면 코가 무너져 내리거나 변형되어 과거에는 "코가 문드러졌다"라고 표현했다. 병원균이 뼈를 침범하기 시작하면 격렬한 통증을 동반한다.

제4기는 10년 이상 경과한 상태로, 병원균이 신경까지 침범해 전신 마비나 정신 착란 등이 나타날 뿐 아니라 실명이나 보행이 어려운 운동장애, 언어장애가 발생한다. 또한 치매 등의 증상도 나타난다. 현대에서 제3~4기까지 가는 감염자는 극히 드물지만, 매독은 이처럼 치료를 게을리하면 무서운 결과를 낳는 만성 감염병이다.

선천성 매독의 발생을 방지하려면?

젊은 여성의 매독 감염은 다음 세대의 아이들에게 심각한 건강 피해를 가져다줄 위험성이 있다. 그중에서도 임산부의 매독 감염은 사산이나 유산의 원인이 되며, 태반을 통해 태아에게 감염되기 때문에 신생아가 선천적으로 매독에 감염된 채 태어날 위험성이 높다.

매독에 감염된 어머니가 치료를 받지 않은 채 출산하거나 임신 34주를 넘긴 뒤에야 치료를 시작하면, 40~70퍼센트라는 높은 확률로 태아가 매독에 감염되고 만다. 태아가 선천성 매독에 걸린 채 태어날 경우, 즉시 치료를 시작하지 않으면 몇 주 안에 심각한 증상이 나타나며 10퍼센트 이상이 사망한다. 현재 일본에서는 20~24세의 여성 매독 감염자가 급증하고 있어 선천성 매독의 발생이 크게 우려된다.

최대한 일찍 의료 기관에서 검사를 받고 매독에 효과가 있는 페니실린 계열 항생제 치료를 받는 것이 중요하다. 조기에 진단을 받아서 치료를 시작하면 얼마든지 나을 수 있으나, 감염된 지 오랜 시간이 지난 뒤 치료를 받기 시작하면 치료 역시 오래 걸린다. 검사는 일반 병원이나 진료소에서 받을 수 있으며, 보건소에서 실시하기도 한다. 매독은 대부분 증상이 없으므로 검사를 받아 보지 않으면 감염 유무를 알 수 없다. 불안하다면 꼭 검사를 받기 바란다.

매독은 몇 번이고 감염

페니실린 치료가 시작됨에 따라 1955년을 전후하여 감염자가 급감했고, 이 때문에 오늘날에는 매독을 역사 속의 병으로 오해하는 사람이 많다. 그러나 감염자가 잠재해 있어 발견하기 어렵고 모든 감염자가 치료하는 건 아니라는 점이 매독 감염 문제를 심각하게 만들고 있다. 항균제로 고칠 수 있게 되자 사람들이 매독의 공포를 잊어버리고 예방에 신경을 쓰지 않게 된 것 또한 사실이다. 매독이라는 병의 이름조차 모르는 10대가 매독의 특징적 증상인 붉은 발진이 생겨 피부과를 찾았다가 매독으로 진단받은 사례가 있다.

성 매개 감염병의 전체 보고 건수를 보면 남성은 20~40대가 많고, 여성은 20대가 압도적으로 많다. 성 매개 감염병을 예방하기 위해서는 불특정 다수와 성행위를 피하는 것이 중요한데, 최근 들어 소셜 네트워크 서비스(SNS)나 메신저 같은 매체를 통한 교류가 활발해진 것이 성 매개 감염병이 확대된 배경으로 지적되고 있다. 이것은 매독에도 해당되는 이야기다.

매독 트레포네마는 감염자의 성기 등에 다수 존재하며, 직접 접촉한 점막이나 피부의 작은 상처 등을 통해서 몸속으로 침입한다. 매독은 제1기와 제2기에 특히 감염력이 강하기 때문에 감염자와는 성행위 등의 접촉을 피해야 한다. 단 한 번의 성적인 접촉으로 매독에 감염될 확률은 15~30퍼센트로, HIV(Human Immunodeficiency Virus. 흔히 에이즈 바이러스로 부르는 인간 면역 결핍 바이러스) 등 다른 성 매개 감염병과 비교해도 매우 높다. 완전한 예방책은 아니지만, 콘돔을 적절히 사용하면 감염을 피할 수 있다. 경구 피임약의 보급으로 성 감염 예방의 기능도 하는 콘돔의 사용률이 낮아진 것이 감염의 증가와 관계가 있는 것으로 생각된다.

구강성교를 한 경우는 목의 인두부를 통해서, 항문성교를 한 경우는 직장을 통해 감염된다. 입에 매독의 병변이 나타났다면 키스를 통해서도 감염된다. 따라서 감염자와 컵이나 젓가락 등을 함께 사용하는 것은 피해야 한다.

그리고 매독은 감염되었다가 낫더라도 재감염을 일으킨다. '매독에 한 번 걸렸다가 나아서 면역이 생겼다'라는 것은 크게 잘못된 인식이다. 자신이 치료를 받아서 매독이 나았더라도 성관계 상대가 치료를 받지 않는다면 또다시 감염될 수 있다.

매독으로 궤양이 생기면 HIV 등의 성 매개 감염병에 감염되기 쉬운 것으로 알려져 있으며, 감염률은 2~5배로 상승한다. 미국에서는 매독에 감염된 사람이 많은 집단에서는 HIV 감염자의 증가율도 높아진다는 사실이 밝혀졌다. 매독과 HIV 감염의 합병증은 중증화한다는 보고가 있다.

또한 매독 환자를 진찰한 경험이 거의 없어 교과서적인 지식에만 의존하는 경우가 많은 40세 이하의 의사는 매독을 제대로 진단하지 못한다는 현실적인 어려움이 있다. 현재 일본의 경우 평범한 젊은 여성의 매독 감염이 증가하고 있는데, 보고된 숫자는 빙산의 일각일 것으로 생각된다. 자신도 알아차리지 못하는 사이에 감염된 사람이 많을 것이기 때문이다. 성관계를 앞두고 있다면 매독에 감염되지 않기 위해 진지하게 생각해 볼 필요가 있다.

제2장

―

세계사를 바꾼 감염병

페스트

로마제국에도 침입하고
중세 시대를 끝낸 대유행병

〈피리 부는 사나이〉와 페스트

중세 유럽에서 크게 유행한 페스트는 '흑사병'으로 불리며 공포의 대상이었다. 《그림동화》로 유명한 그림 형제는 사람들에게 들은 이야기를 《독일 전설집》이라는 책으로 정리했는데, 여기에 수록되어 있는 〈피리 부는 사나이〉는 사실 페스트와 관련이 있는 이야기다.

피리의 신기한 음색으로 쥐들을 유도해서 퇴치하는 기묘한 '피리 부는 사나이'가 독일의 하멜른이라는 마을을 찾아왔다. 쥐들이 일으키는 피해에 골머리를 앓고 있던 마을 사람들은 이 사내에게 쥐를 퇴치해 달라고 의뢰했다. 사내가 피리를 불자 엄청난 수의 쥐가 집집에서 나오기 시작하더니 일렬로 행진하며 사내를 따라갔고, 사내가 작은 강을 뛰어넘자 뒤를 따르던 쥐들은 물로 뛰어들어 빠져 죽었다. 이렇게 해서 사내는 손쉽게 쥐떼를 퇴치했다.

문제를 해결했는데도 하멜른 사람들은 약속한 보수를 치르지 않았다. 화가 나서 마을을 떠났다가 다시 돌아온 사내는 무서운 음색으로 피리를 연주했다. 그러자 이번에는 아이들이 집집에서 나와 사내의 뒤를 따라 일렬로 행진하기 시작했고, 두 번 다시 마을로 돌아오지 않았다고 한다.

전설이 된 아이들의 실종 사건은 실화다. 1284년 어린이 130명이 행방불명되었다는 기록이 지금도 하멜른 시청에 남아 있다. 그곳 사람들에게 〈피리 부는 사나이〉의 이야기는 결코 단순한 옛날이야기가 아닌 것이다. 아이들이 피리 소리에 이끌려 행진했다는 골목은 현재 '연주 금지 골목'이 되어 결혼식 행렬조차 음악을 연주하지 못하도록 정해져 있다고 한다. 거의 같은 시대에 흑사병으로 아이들이 떼죽음을 당했다는 역사적 사실과 쥐가 페스트균을 옮긴다는 사실이 맞아떨어지는 것을 생각하면, 이 전설은 페스트와 관련 있는 것으로 여겨진다.

역사상 최초의 페스트 유행은 로마까지 침입

역사상 최초로 확인된 페스트의 유행은 540년경에 일어난 '유스티니아누스 역병'이다. 펠루시움(이집트)에서 시작된 이 역병은 얼마 안 되어 당시 정치·문화의 중심지이던 비잔티움(콘스탄티노플)으로 번졌고, 수개월에 걸쳐 유행을 일으켰다. 비잔티움에서는 사망자가 하루에 5,000~1만 명에 이르는 시기도 있었다. 사망자가 이렇게 많다 보니 모든 사람을 매장할 수가 없어 거리를 둘러싸고 있는 성벽 탑의 지붕을 뜯어내고 그 안에 시신을 던져 넣은 다음 탑이 시체로 가득 차면 다시 지붕을 씌웠다고 한다.

페스트균은 비잔티움에서 멈추지 않고 로마까지 침입했으며, 이후 60여 년이라는 긴 세월 동안 로마제국에 만연했다. 바로 이 시기에 동로마제국의 황제 유스티니아누스 1세는 로마제국의 재건에 힘을 쏟고 있었는데, 황제 유스티니아누스 1세의 영광에 종지부를 찍은 것이 바로 '유스티니아누스 역병'의 창궐이었다.

중세를 끝낸 역병

감염병으로 시대를 구분할 때, 유스티니아누스 역병부터 흑사병의 유행까지가 중세로 간주된다. 흑사병은 1348~1353년의 6년에 걸쳐 유럽을 중심으로 발생한 페스트의 대유행을 가리킨다. 흑사병의 만연이 중세라는 시대의 막을 내린 것이다.

1348년 꽃의 도시 피렌체는 시체의 도시로 변했다. 골목 하나를 지나가는 동안에도 썩은 내를 풍기는 시체와 마주쳐야 했으며, 문 앞과 창문 아래에는 집에서 내던져진 것인지 골목에서 숨이 끊어진 것인지 알 수 없는 시체들이 나뒹굴었다. 동방에서 찾아온 페스트는 3명 중 1명을 죽음으로 인도했다. 짧으면 하루에서 이틀, 길어야 며칠 안에 건강하던 사람이 마치 번개에 맞기라도 한 듯이 갑자기 죽어 갔다.

당시 유럽 인구는 1억 명 정도로 추정되는데, 흑사병의 대유행으로 2,500만~3,000만 명이 사망했다. 치사율이 높고 증상이 심각한 급성 감염병인 페스트의 창궐은 동시기에 막대한 사망자를 냈다. 《데카메론》의 저자이자 피렌체 주민이었던 조반니 보카치오(Giovanni Baccaccio, 1313~1375)는 35세에 흑사병과 만났다. 그는 2년 뒤부터 집필하기 시작한 《데카메론》에 흑사병의 경험을 다음과 같이 남겼다.

매일, 시시각각 마치 경쟁이라도 하듯이 말로 표현하기 힘들 만큼 많은 사체가 각지의 사원으로 운반되었다. 그렇다 보니 예부터 전해지는 관습에 따라 죽은 자를 따로따로 안식처에 매장하는 것은 당연히 꿈도 꿀 수 없었고, 공동묘지만으로는 미처 모두를 매장할 수 없었다. 묘지에 시체를 묻을 공간이 없어지자 결국에는 아주 커다란 구덩이를 파서 새로 도착한 수백 구의 시체를 던져 넣고 한 단이 쌓일 때마다 그 위에 흙을 조금씩 덮어 가며 배에 화물을 싣듯이 몇 단으로 쌓아 올렸는데, 마지막에는 그마저 가득 차 버렸다.

페스트에 감염될까 두려워 시골의 영지로 도망친 사람들 10명이 열흘 동안 각자 한 가지씩 이야기를 하는 형식으로 구성된 《데카메론》에는 페스트가 대유행하던 당시 중세 사람들의 생활상이 충실하게 묘사되어 있다. 흑사병을 이해하는 데 도움을 주는 자료로서 손꼽히는 문헌이라고 할 수 있다.

페스트의 정체

페스트는 급성 세균 감염병으로 병원체는 페스트균이다. 페스트균은 벼룩의 장 속에 살며 벼룩은 쥐나 고양이, 개 등 다양한 동물에 기생한다. 그렇게 해서 페스트균을 가진 벼룩이 흡혈할 때 그 동물이 페스트에 감염되는 것이다.

장 속에서 페스트균을 증식시키는 벼룩에는 여러 종류가 있는

데, 특히 쥐에 기생하는 열대쥐벼룩은 페스트균의 매개체가 되기 쉽다. 게다가 곰쥐는 건물 안에서 살면서 사람의 생활환경에 침입해 벼룩을 뿌리며 돌아다닌다. 그러면 쥐에서 떨어진 벼룩은 건물에 사는 사람에게 옮겨 붙어 흡혈한다.

이처럼 페스트균과 벼룩을 사람에게 효율적으로 옮기는 곰쥐는 본래 유럽에서 사는 쥐가 아니었고, 십자군 원정 이후 아시아에서 들어온 것으로 추정된다. 또한 같은 시기에 몽골의 대군이 서쪽으로 진군했는데, 일설에 따르면 몽골군이 곰쥐를 가지고 왔다고도 한다.

벼룩이 흡혈할 때 역류해서 피하(皮下)에 페스트균이 침입하면 일주일 안에 고열과 격심한 두통, 현기증, 나아가 수의근(팔다리처럼 의지대로 움직일 수 있는 근육 - 옮긴이) 마비, 극도의 허탈감과 정신 착란을 일으킨다. 또한 림프절이 있는 겨드랑이 아래나 발목이 부어오르는데, 보카치오는 이것을 달걀에서 사과 정도의 크기라고 기록했다. 이런 특징으로 인해 페스트는 '흑병'이라고도 불렸다. 그리고 나중에는 피부에 검은색, 청자색, 흑자색 등의 커다란 반점이 나타난다. 이것은 페스트균이 일으키는 패혈증 때문에 나타나는 증상인데, 이런 증상을 보인다면 이미 말기 상태다. 이처럼 거무스름한 반점이 나타난 뒤 죽는다고 해서 흑사병이라는 이름이 붙은 것이다. 이것이 흑사병의 초기에 유행한 림프절 페스트다. 이 페스트의 당시 치사율은 대단히 높아 50~70퍼센트로 추정된다.

중세 흑사병의 진정한 비극은 혈액으로 들어간 뒤 폐로 들어간 페스트균이 그곳에서 증식해 피가래나 심한 기침을 유발하는 폐 페스트였다. 폐 페스트에 걸린 사람은 거의 모두 3일 안에 사망했다. 게다가 폐 페스트에 걸리면 벼룩을 거치지 않고도 환자의 기침이나 재채기를 통해 페스트균이 공기로 감염되어 전파되기 때문에 감염율은 비약적으로 커진다. 이렇게 페스트의 유행이 가속화한 것이다.

1348년 이후 페스트가 유럽의 깊숙한 지역까지 본격적으로 침입하자, 폐 페스트를 중심으로 대유행이 발생했다.

흑사병이 유행한 마을

의사이자 점성술사이던 시몬 드 코빈은 흑사병의 참상을 다음과 같은 글로 남겼다.

"페스트가 집 안으로 들어가면 집 주인 중 그 누구도 도망치지 못한다. 전염은 마치 주인 한 명이 모두에게 독을 담아내는 것과 같은 것이다."

강력한 전파력과 높은 치사율로 간호하는 사람까지 쓰러뜨리

◆ 흑사병 의사 ◆

기 때문에 설령 간신히 살아남았더라도 결국은 쇠약해져 죽게 된다. 주위는 온통 송장 썩는 냄새가 가득했고, 페스트에 걸릴까 두려워 집에 틀어박혀 있던 사람들은 이웃이 죽었음을 썩는 냄새로 알 수 있었다고 한다.

이쯤 되면 종교계든 속세든 지켜야 할 도덕이 땅에 떨어지고 사람들은 자포자기 상태가 된다. 이윽고 죽음은 도처에 있는 흔하디 흔한 것이 되었고, 시신은 단순히 위험한 물건으로 취급되었다. 사람이 죽어도 장례식을 치르지 않고 집 밖으로 내던져 방치하거나 커다란 구덩이에 대충 던져 넣었고, 그마저 여의치 않으면 강에 흘려보냈다.

페스트와 종교개혁

　농촌은 인구밀도가 도시보다 낮은 한편, 폐쇄적인 사회인 까닭에 페스트균이 침입하면 마을이 전멸하는 것을 피할 수 없었다. 흑사병의 유행 이후 마을의 이름이 지도에서 차례차례 사라졌고, 수많은 마을이 폐쇄되었다. 어떤 종교 의식이나 기도도 페스트의 유행과 인명 피해를 막을 수는 없었다. 게다가 많은 성직자가 페스트에 감염될 것을 두려워해 교회를 버리고 도망치는 가운데 교회에 남겨진 사람들이 종교에 대한 불신감에 빠져드는 것은 당연한 일이었다. 중세 사회에서 커다란 권위를 갖고 사람들을 지배하던 교회의 힘은 흑사병의 참화 이후 단숨에 추락했다. 페스트의 대유행이 종교개혁의 기반을 닦은 것이다.

　이와 같은 한계 상태에 놓이면 인재(人災)가 그 비극을 더 크게 만들고는 한다. 흑사병이 동방에서 온 것은 보카치오가 썼듯이 주지의 사실이다. 기독교 국가에는 없던 역병이 동방의 이국에서 찾아왔다. 이것은 기독교도의 적인 이교도들의 음모가 틀림없었다. 이렇게 해서 유대인이 우물에 독을 타서 병을 퍼뜨렸다는 유언비어가 마치 근거 있는 사실처럼 번져 나갔다. 당시 유럽에서는 무슨 일이 있으면 유대인이 희생양이 되어서 박해를 받는 일이 허다했다. 유대인은 고문에 못 이겨 거짓 자백을 했고, 독을 탔다는 우물에 던져져 처형되었다. 또한 많은 유대인이 토지의 소유권과 재산을 빼앗긴 채 자신들의 거주지인 게토로 몰려들었다. 게토는 이전부터 차별과 박해의 대상이던 유대인들이 감금당하듯이 생활하는 곳이었다. 그런데 폭도가 된 사람들은 그곳으로 몰려들어 유대인들을 포위하고 불태워 죽였다. 유대인의 구멍이라고 부르는 구덩이에 반라 상태로 유대인을 던져 넣고 태워 죽인 것이다. 노인과 여자 들도 학살을 피할 수는 없었다.

흑사병 유행기의 유대인 집단 학살은 프랑스와 스위스, 독일 등 광범위한 지역에서 자행되었으며, 수많은 사람이 목숨을 잃은 중세 최대의 참사가 되었다. 그중에는 흑사병의 유행이 시작되기 전부터 살육이 시작된 곳도 있다. 독일 라인 강변의 지역이 특히 심했다. 사람들은 살해한 시체를 빈 포도주통에 집어넣고 라인 강에 던졌으며, 강의 인공섬에 만들어진 게토의 유대인들을 결국 모두 불태워 죽였다.

유대인 학살은 1349년에 집중적으로 일어났다. 당시 많은 유대인이 비교적 관용적이던 독일 동부나 폴란드로 이주했는데, 이렇게 목숨만 건진 채 도망친 유대인의 자손들은 약 600년 뒤 나치스 독일의 강제 수용소와 가스실로 보내진 것이다.

인간의 광기 역시 감염병과 마찬가지로 전염되며, 집단의 광기가 되어 인재를 일으킨다. 병원성이 높고 전파력이 강한 감염병이 대유행할 때면 극한 상태에 빠진 사람들의 집단적 광기가 비극적인 2차 피해를 일으켜 왔다. 유대인 박해 이후 16세기에 마녀사냥의 광풍이 유럽을 휩쓴 것도 역사는 반복된다는 사실을 보여 주는 사례일까? 16세기에는 콜럼버스가 신대륙에서 가지고 돌아온 것으로 여겨지는 매독이 유럽 전역을 휩쓸었다.

채찍질 행진과 죽음의 무도

페스트의 유행에 따른 떼죽음은 인간의 욕심과 허영, 오만함에 신이 벌을 내린 것이라는 생각에서 신의 용서를 구하고자 고행의 행진을 하는 사람들이 생겨났다. 전라 혹은 반라 상태의 남녀가 서로에게 채찍질하면서 마을에서 마을로 행진하는 것이다. 채찍에는 곳곳에 매듭이 지어져 있고 그 매듭에는 못이 끼워져 있었다. 십자가를 들고 찬송가를 합창하면서 쓰러질 때까지 쉬지 않고 걷는 사람들의 수는 때로 1,000명을 넘어서기도 했으며, 그들에게 이끌리듯이 점점 더 많은 사람이 참여했다.

중세 말기는 시체가 발에 채일 만큼 흔한 시대였다. 죽음은 어느 날 갑자기, 그러나 확실하게 찾아온다. 페스트라는 무서운 감염병의 대유행은 사람들의 마음속에 이런 생각을 강하게 심었고 깊은 절망감을 가져다주었다.

어느 날 갑자기 교회의 종이 울리며 페스트의 습격을 알리면,

사람들은 집에서 뛰쳐나와 집단 발작을 일으키듯이 일제히 페스트를 퇴치하기 위한 기도의 춤을 반복했다. 이것은 훗날 '죽음의 무도'라고 불리며 역병 퇴치를 위한 제례 행사로 변모했다.

이 시기의 그림과 목판화에는 시체와 해골이 등장한다. 해골(사신)은 모든 사람을 데려가는 평등한 죽음을 의미하며, 나아가 삶의 덧없음과 죽음의 압도적인 우위를 표현한다. 흑사병 유행기의 떼죽음은 '메멘토 모리(죽음을 기억하라)' 사상을 심고 생과 사가 역전된 세계를 낳은 것이다.

좀 더 아름답게 죽기 위한 방법을 가르쳐 주는 《아르스 모리엔디(*Ars Moriendi*)》라는 출판물이 널리 보급되기도 했다.

흑사병 이후

중세의 페스트 유행으로 전 세계에서 7,000만 명, 유럽에서 3,000만 명이 희생되었다. 프랑스에서는 인구가 페스트 유행 이전의 수준으로 회복되기까지 2세기가 걸렸다고 하는데, 다른 지역도 마찬가지였다.

흑사병이 유럽 전역으로 확산되었을 때, 영국과 프랑스의 백년전쟁은 휴전 상태가 되었다. 흑사병 유행기 이후 10년 동안 역병에 휩쓸린 도시에서는 인구가 절반으로 줄어들었고, 농촌도 비슷한 타격을 입어 막대한 노동력 부족을 초래했다. 그때까지 농촌에서는 극히 일부의 자작농과 그 밖의 수많은 농노가 일을 했고, 농노는 수확물의 대부분을 영주에게 바쳤다. 그러나 흑사병 이후 노동력 부족이 심각해지자, 영주는 농업 노동자로서 농민의 역할과 권리를 인정할 수밖에 없었다. 그에 따라 소작 제도가 생겨났고, 농업 노동의 대가가 소작농에게 임금으로 지급되었다. 이것은 사실상 농노 제도의 붕괴를 가리키며 장원 제도의 와해와 봉건 제도의 몰락을 의미했다. 영국에서는 노동자 문제에 관한 법률이 시행되어 1349년에 〈노동자 조례〉가, 1351년에 〈노동자 법령〉이 입법되었다.

농업 노동자의 감소로 경작에 많은 일손을 요구하지 않는 포도 재배가 확산되었고, 작업 효율이 좋은 목축이 더욱 확대되었다. 포도 재배는 포도주 산업의 증대로 이어졌으며, 목축은 양모 산업과 양모 제품의 생산으로 이어졌다. 잉글랜드의 양모 제품은 산업혁명을 거쳐 전통적인 산업으로 이어진다. 흑사병의 유행은 농업 지도까지 바꾸어 버린 것이다.

항생 물질로 치료할 수 있게 된 지금도 여전히 아시아와 아프리카, 아메리카 등 넓은 지역에서 연간 2,000명의 페스트 환자가 발생하고 있다. 그리고 현재까지 페스트에 사용 가능한 백신은 개발되지 않고 있다.

콜레라

영국의 인도 진출로 국제적 감염병으로 탄생

개발도상국에서 발생하는 감염병

콜레라는 감염자의 변에 오염된 물이나 음식을 입으로 섭취했을 때 감염된다. 병원체는 비브리오 콜레라라는 세균으로, 쉼표처럼 생긴 간균이며 편모를 사용해서 활발하게 움직인다. 감염자는 1일 전후의 잠복기를 거쳐 갑자기 급성 설사를 일으키며, 신속하게 적절한 치료를 하지 않으면 몇 시간 만에 죽음에 이르는 무서운 감염병이다.

콜레라에는 경구 콜레라 백신이 있다. 감염 방어에 효과적이기는 하지만 2회 접종을 해도 그 효과가 몇 개월에 불과하다. 그래서 좀 더 오랫동안 지속되고 효과가 있는 백신의 개발이 필요한 상황이다.

현재 아시아와 중동, 중남미 지역을 중심으로 세계 각지에서 콜레라가 발생·유행하고 있다. 유행 지역에서는 여름철에 환자가 많이 발생하며, 수돗물에 염소 소독을 실시하는 선진국에서는 환자가 적게 발생한다. 선진국에서 보고되는 콜레라 환자는 대부분 유행 지역에서 감염된 채 귀국하는 유입 사례다.

또한 개발도상국에서 온 식품을 먹고 감염되는 사례도 있다. 세계적으로는 연간 140만~430만 명의 환자가 발생하고, 사망자는 2만 8,000~4만 2,000명에 이르는 것으로 추정된다.

주된 증상은 구토와 설사

콜레라의 주된 증상은 구토와 설사이고 감염자의 약 80퍼센트는 증상이 나타나지 않는다. 이런 무증상감염자도 감염된 지 1~10일 동안은 변을 통해서 콜레라균을 배설하기 때문에 감염원이 될 가능성이 있다. 증상이 나타난 사람의 80퍼센트는 가벼운 증상에서 중간 정도의 증상을 보이지만, 나머지 20퍼센트에게는 중증 탈수를 동반한 급성 설사가 나타난다. 콜레라의 치사율은 2.4~3.3퍼센트이지만 중증 환자의 치사율은 무려 50퍼센트에 이른다.

콜레라균은 산에 약하기 때문에 입을 통해 체내에 들어와도 위산에 의해 죽지만, 위산에 살아남은 콜레라균이 소장에 도달하면 크게 증식해 콜레라 독소를 생산한다. 그리고 콜레라 독소가 장 속에 물과 염소 이온을 비정상적으로 유출시켜 다량의 급성 수양성 설사(일명 물설사)를 일으키는 것이다. 처음에는 일반적인 설사로 시작하지만 나중에는 수분만 나오며 색도 냄새도 없어진다. 쌀뜨물 같은 백색 또는 회색의 수양성 설사는 콜레라의 특징적인 설사다. 중증 설사가 되면 잦은 배변과 함께 하루에 10리터에서 수십 리터의 설사를 한다. 심한 구토와 끊임없는 설사로 극심한 탈수 증상과 혈장 속 전해질 이상을 초래한다. 전해질 이상은 손발의 근육에 통증을 동반한 경련을 일으키기도 한다.

콜레라의 증상은 이처럼 차마 지켜보지 못할 만큼 힘들며, 신속하게 적절한 치료를 받지 않으면 몇 시간 안에 죽음에 이른다. 콜레라 환자의 80퍼센트는 신속한 경구 수액 투여로 치료가 가능하지만, 중증 환자의 경우는 점적주사를 이용해 수액과 항균제를 투여한다.

치료를 받지 않은 채 탈수 증상이 계속되면 피부가 탄력을 잃어 손가락 끝의 피부에 주름이 생기는 일명 '세탁부의 손' 상태가 된다. 또한 눈이 치켜 올라가고 광대뼈와 코뼈가 도드라져 보이는 얼굴이 되는데, 이것을 '콜레라 얼굴'이라고 부른다.

🦠 대유행 가능성

콜레라균은 O항원에 따라서 200종류 이상이 있는데, 인간 사회에서 널리 유행을 일으켜 온 콜레라균은 콜레라 독소를 생산하는 O-1 혈청형과 O-139 혈청형이다. 콜레라는 '콜레라 독소를 생산하는 콜레라균이 일으키는 감염병'이라고 정의할 수 있다. 이 두 종류가 아닌 혈청형의 콜레라균은 가벼운 설사를 일으키기는 하지만 유행을 일으키지 않는다.

유행을 발생시키는 콜레라균의 혈청형은 주로 O-1형으로, 이 O-1형 콜레라균은 다시 아시아형과 엘토르형으로 구분된다. 아시아형은 고전형이라고도 부르는데, 증상이 매우 심하며 19세기에 세계적인 대유행을 여러 차례 일으켰다. 한편 현재 주로 유행하는 콜레라인 엘토르형은 병원성이 아시아형보다 약하다. 아시아형과 엘토르형 콜레라균의 이러한 병원성의 차이가 무엇에서 기인하는지는 아직 밝혀지지 않았다.

1992년에는 방글라데시에서 O-139형 혈청형 콜레라균이 확인되었고, 현재 동남아시아에 국지적으로 존재한다. 그 밖에도 아시아와 아프리카 일부 지역에서는 변이형 콜레라균이 발견되고 있다. 이러한 콜레라균은 좀 더 심각한 증상을 일으키며 치사율이 높을 것으로 생각된다. 앞으로 이 이상 확산되는 일이 발생한다면 무서운 인명 피해를 일으킬 위험성이 있다.

세계를 휩쓴 콜레라 팬데믹

콜레라의 발상지는 인도의 갠지스강 삼각주인데, 원래 벵골 지방을 중심으로 유행하던 풍토병이어서 아마도 수세기 전부터 이 지방에 존재했을 것으로 짐작된다. 그런 까닭에 19세기에 팬데믹을 반복한 콜레라를 '아시아형 콜레라'라고 부르는 것이다.

콜레라는 산스크리트어로 '비스시카(visuchika)', 산스크리트어의 일종인 마라티어로 '모데심(mordeshim)'이라고 하는데 '죽음에 이르는 장(腸)의 병'이라는 뜻이다. 벵골 지방에서는 먼 옛날부터 수많은 희생자를 냈지만, 18세기까지 인도 이외의 국가에서 유행을 일으킨 적은 없었다. 그런데 18세기 말 영국이 인도를 지배하기 시작하면서 상황이 급변했다. 인도에 주둔한 영국군이 콜레라라는 판도라의 상자를 연 것이다. 먼저 영국군 병사 수천 명이 콜레라균에 감염되어 사망했다. 벵골 지방을 벗어난 콜레라균은 각지에서 유행을 일으켰고, 이후 콜레라 팬데믹이 수차례 발생했다. 최초의 팬데믹은 1817년이며, 그 후 콜레라 팬데믹으로 명확하게 기록된 대유행이 여섯 차례 발생했다.

제1차 유행은 1817~1823년에 걸쳐 발생했다. 1817년 벵골 지방을 벗어난 콜레라는 캘커타(현재의 콜카타)에 도착해 인도 전역에서 대유행을 일으켰다. 무역의 확대, 그리고 영국군의 이동과 더불어 확대를 계속해 네팔과 태국·필리핀·중국으로 확산했고, 만리장성을 넘어 러시아까지 유입되었다. 또한 아라비아반도의 오만으로 진출해 바레인군도로부터 페르시아만 연안 지역에 발을 붙인 후 중동과 아프리카 국가에서 대유행을 일으켰는데, 이 여파는 극동아시아에도 미쳤다. 일본에서는 1822년에 발생한 최초의 콜레라 유행이 기록되었고(한국에 콜레라가 유행했다는 최초의 공식 기록은 1821년이다 – 옮긴이) 그 후 콜레라 팬데믹은 더욱 본격화되었다.

제2차 유행은 1826~1837년에 걸쳐 발생했고, 1826년 또다시 콜레라가 본격적으로 세계적 유행을 일으킨 것이다. 이처럼 콜레라의 유행이 왜 갑자기 시작되고 어떻게 종식되는지에 관해서는 아직도 명확히 밝혀지지 않은 부분이 많다.

콜레라균은 갠지스강을 거슬러 올라가 펀자브와 아라비아에 침입했고, 메카를 순례하기 위해 모인 이슬람교도 1만 2,000명이 콜레라의 희생자가 되었다. 이집트에서는 카이로와 테베, 알렉산드리아에 침입했는데 하루에 3만 명이 넘는 사망자가 나올 정도로 끔찍한 상황이었다고 한다. 그 뒤 콜레라균은 튀니지에 침입한 뒤 남하해 동아프리카 잔지바르에 도달했다.

한편 페르시아에서 우즈베키스탄으로 간 콜레라균은 실크로드의 대상(카라반)과 함께 오렌부르크에 유입되었고, 결국 1830년에는 방역망을 뚫고 모스크바에 도달했다. 다시 상트페테르부르크를 거쳐 핀란드와 폴란드에 유입되었다. 그전까지 유럽인은 인도의 풍토병이 문명국인 유럽에서 유행할 가능성은 없다며 콜레라를 우습게 여기고 있었는데, 더는 그럴 수 없게 된 것이다.

1831년 콜레라는 오스트리아에 침입해 빈에서 유행을 일으켰다. 같은 해에 독일의 베를린과 함부르크에서 사람들의 목숨을 빼앗았으며, 함부르크 항구에서 군함을 타고 영국의 동해안으로 건너가 콜레라 환자를 발생시켰다. 그리고 1832년에는 마침내 런던에서 유행이 시작되었다. 또한 같은 해에 파리에도 침입해 프랑스 전역에서 유행을 일으켰다. 이때 프랑스에서 콜레라에 희생된 사람의 수는 무려 9만 명에 이르는 것으로 추정된다.

1832년 봄 파리에서 콜레라의 유행이 시작되어 사망자가 1만 명을 넘어섰다. 이 무서운 역병에 대한 공포와 불안감은 이윽고 정부에 대한 불만이라는 형태로 폭발했다. 폭도가 된 파리 시민이 폭동을 일으켜 프랑스의 정치는 극심한 혼란에 빠졌으며, 그 후 공화제로 이행되기에 이른다.

같은 시기에 네덜란드와 벨기에, 노르웨이의 거의 모든 주요 도시에서 유행을 일으킨 콜레라는 다시 배를 타고 대서양을 건너 아메리카 대륙으로 향했다. 그리고 캐나다의 퀘벡에 상륙한 콜레라는 내륙을 횡단해 뉴욕과 필라델피아에 침입했으며, 로키 산맥을 넘어 멕시코와 쿠바에서 유행한 뒤 중앙아메리카의 니카라과와 과테말라까지 이르렀다.

제3차 유행은 1840~1860년에 발생했다. 이 시기의 유행은 유럽에서 매우 높은 사망률을 기록해 프랑스에서만 14만 명이 희생되었다. 이탈리아와 영국에서도 2만 명이 사망했고, 특히 런던에서 크게 유행했다. 이때 런던의 마취과 의사인 존 스노(John Snow)가 콜레라의 원인이 오염된 음료수임을 역학적으로 밝혀냈다.

제4차 유행은 1863~1879년, 제5차 유행은 1881~1896년에 걸쳐서 발생했다. 감염 폭발이 발생한 이집트에 파견된 독일 의사 로베르트 코흐(Robert Koch)가 1883년에 현지에서 콜레라균을 발견하고 이듬해에 베를린에서 그 쾌거를 보고했다.

병원체가 발견됨에 따라 콜레라의 방역을 위해 점차 합리적인 대책을 세울 수 있게 되었다. 1893년에는 차이콥스키가 상트페

테르부르크에서 교향곡 〈비창〉의 초연을 마친 뒤 콜레라에 목숨을 잃었다. 제6차 유행은 1899~1926년에 발생했다.

이처럼 19세기에 인도 갠지스강 하구에서 시작해 여섯 차례에 걸쳐 발생한 콜레라 팬데믹은 인구가 밀집한 거의 모든 도시를 휩쓸어 전 세계에서 수백만 명의 희생자를 발생시켰다.

열악한 위생 환경과 사람의 이동이 원인

콜레라 환자의 설사에는 엄청난 수의 콜레라균이 들어 있으며, 그것이 주위 사람들에 대한 감염원이 된다. 대유행을 일으킨 19세기에는 아직 상하수도가 정비되어 있지 않았다. 상수도의 염소 소독은 실시되지 않았고, 하수 처리라는 발상도 설비도 없었다. 배설물이나 오수가 각 가정에서 직접 강으로 흘러들고 그 강물을 다시 상수도로 사용했고, 배설물이나 더러운 물 웅덩이로 지하수가 오염되고 그 우물물을 퍼서 사용하는 것이 일상다반사였다. 열악한 위생 환경을 배경으로 인구가 밀집한 도시에 콜레라균이 침입하고, 환자가 배설한 콜레라균이 물을 통해 효율적으로 매개됨으로써 폭발적인 유행을 일으킨 것이다.

사람의 이동이나 교류가 적은 시대에는 인도에서 한정적으로 발생하는 풍토병에 불과하던 콜레라는 영국군의 인도 진출을 계기로, 갑자기 세계의 도시를 석권하는 국제적 감염병으로 탈바꿈했다. 풍토병이 사람의 이동으로 넓은 지역에서 유행하는 역병으로 변모한 전형적인 사례가 콜레라 팬데믹인 것이다.

콜레라를 둘러싼 현재의 상황

1961년 인도네시아의 술라웨시섬에서 시작된 O-1형(엘토르형) 콜레라의 유행은 지금도 계속되고 있어 일곱 번째 세계적 유행이 되고 있다. 2013년에는 47개국에서 환자 13만 명이 발생했고 이 가운데 약 2,000명이 사망한 것으로 WHO에 보고되었는데, 이는 실제보다 훨씬 적은 숫자일 것이다. 무역이나 관광 등에 끼치는 영향을 우려하여 콜레라 조사에 소극적이거나 감시 시스템이 정비되어 있지 않은 나라도 많기 때문이다. 세계적으로는 난민촌 등에서 유행하거나 도시 주변의 슬럼가에서 발생하는 등, 위생 환경이 열악하고 안전한 물을 확보할 수 없는 곳에서 콜레라의 감염 위험이 높아지고 있다.

재해가 발생한 지역에 콜레라가 유입되거나 콜레라가 상존하는 지역에서 재해가 발생하면, 많은 사람이 모이는 대피 시설에서 콜레라가 유행하면서 인명 피해가 발생한다.

콜레라균은 인체 외에도 담수나 기수(담수와 해수가 혼합되어 있

■ 콜레라 환자 발생이 보고된 국가와 지역(2014년)
■ 콜레라 환자 발생이 보고된 국가와 지역(2010~2013년)

는 곳의 물. 담수보다는 염도가 높고 해수보다는 염도가 낮다 – 옮긴이), 강 후미의 물속에 세균성 생물로 서식한다. 조류(말무리. 물속에 살며 뿌리, 잎, 줄기가 구분되지 않고 포자에 의해 번식한다 – 옮긴이)의 이상 발생과 관련이 있는 경우도 종종 있고 동물성 플랑크톤, 갑각류, 수생식물의 서식지에서 자주 검출된다. 지구 온난화에 따라 해수 온도가 상승하여 다양한 세균의 증식에 적합한 환경이 된 것은 최근의 연구를 통해서 밝혀졌다. 특히 연안 지역의 수온이 상승 하여 콜레라가 유행할 가능성이 높아지고 있어 앞으로도 문제가 될 무서운 감염병이다.

황열

—

노예선과 함께
대서양을 건너간 감염병

루안다에서 시작된 유행

리우데자네이루 올림픽이 개최된 2016년 여름 아프리카에서 모기가 매개체가 되는 감염병인 황열이 큰 문제가 되었다. 황열로 위기 상황이 된 국가들은 WHO의 협력 아래 국가 차원에서 대규모로 긴급 백신 접종을 시작했다.

황열은 2015년 12월 하순부터 아프리카 남서부에 위치한 앙골라공화국의 수도 루안다에서 유행하기 시작하여 2016년 8월에는 앙골라와 콩고민주공화국에서 과거 30년 사이 최대 규모의 유행이 발생했다. 업무차 루안다에 머물다 2016년 3월 베이징으로 돌아온 중국인 남성에게서 증상이 나타나 검사를 받은 결과 황열로 확인되었다. 이것은 아시아의 첫 황열 감염 사례로 공중보건 전문가들에게 충격을 안겼다.

앙골라와 콩고 양국에서 감염 확진자와 감염 의심자는 7,000명을 넘어섰고, 이미 500명 이상이 사망했다. 감염 확대를 억제하려고 약 8,000개 지역에서 1,400만 명을 대상으로 황열 백신의 긴급 접종이 이루어졌다. 황열 바이러스는 감염자를 흡혈한 모기가 다른 사람을 물어서 감염된다. 이 긴급 접종은, 장구벌레가 성충으로 우화해 모기의 활동이 활발해지는 우기에 접어들기 전에 반드시 백신을 접종해 감염 확대를 막기 위한 조치였다.

옐로카드라는 황열 예방접종 증명서

황열은 무서운 감염병이지만, 다행히 효과적인 예방 백신이 있다. 검역소에서 예방접종을 할 수 있고 접종 후에는 일명 옐로카드라고 불리는 황열 예방접종 증명서를 발급받는다. 이 증명서 없이는 입국하지 못하는 나라도 있다.

황열 바이러스는 지카 바이러스나 뎅기 바이러스, 일본 뇌염 바이러스와 유사한 바이러스다. 황열은 황열 바이러스를 가진 모기가 사람을 흡혈할 때 사람에게 감염된다. 이집트숲모기와 같은 숲모기속이 황열 바이러스 매개체가 된다. 감염되어도 증상이 나타나지 않거나 발열 또는 오한 등 가벼운 증상에 그치는 수가 있으나, 증상이 나타난 환자의 15퍼센트가 황달 또는 출혈 때문에 중증이 되며 그중 20~50퍼센트가 죽음에 이르다. 일단 증상이 나타나면 중증화해 사망할 위험성이 높은 감염병이다.

20세기 초에는 모기가 황열의 매체라는 주장을 설명하기 위해 인체 감염 실험을 했다. 중증 황열 환자를 흡혈한 모기에게 물리도록 설계한 이 인체 실험에서는 당연히 사망자가 나왔다.

노구치 히데요(野口英世, 1876~1928)
일본의 세균학자로 황열을 연구하다 감염되어 사망했다.

황달과 검은 피

황열이라는 이름은 간이나 신장에 장애가 발생해 황달을 일으킨 중증 환자의 증상에서 붙여졌다. 또한 흑토병이라는 별명이 있는데, 피부와 눈의 흰자가 노란색을 띤 그다음 혈액이 섞인 검은 구토물을 토하며 죽어 간 경우가 많았기 때문이다. 황열은 스페인어로 보미토 네그로(vomito negro)라고 하며, 이는 검은 피를 토하는 증세를 의미한다.

황열 바이러스는 본래 아프리카나 남아메리카의 열대우림에 사는 원숭이가 보균하고 있으며, 모기가 매개하여 원숭이 사이에 유지되는 것으로 알려져 있다. 그러다 밀림에 발을 들여놓은 사람이 바이러스를 가진 황열 모기에 물려 감염되고, 그 사람은 집으로 돌아간 후 황열을 앓고 다시 그 피를 빤 모기가 황열을 옮기게 된 것이다. 그리고 점차 유행이 발생함에 따라 사람과 모기 사이에서 황열 바이러스가 유지되었다.

시대가 바뀌어 유럽 국가들이 식민지를 획득하기 위해 세계 각지로 진출하자, 황열은 아프리카를 벗어나 신대륙에서 유행하기 시작했다. 많은 병사와 선원이 감염된 채, 또는 매개체 모기와 함께 바다를 건너는 사태가 일어났다. 배 바닥의 짐칸에서는 모기들이 날아다니며 마실 물에 장구벌레를 낳고 화물에는 알이 들러붙었다. 수많은 아프리카인을 노예선에 태워서 데려오기 시작하자, 황열 바이러스 감염자와 수많은 모기가 같이 대서양을 건넜다. 이렇게 해서 신대륙에 모기와 황열 바이러스가 정착하여 유행이 시작되었고, 황열이 만연해 막대한 희생자가 나오게 되었다. 그런데 기온이 내려가 서리가 내리면 갑자기 환자의 발생이 뚝 끊겼다. 황열이 어떻게 다른 사람에게 전염되는지 밝혀지지 않았던 당시, 이것은 풀리지 않는 수수께끼였다.

인체 감염 실험

이 무렵 황열의 원인에 관해서는 여러 주장이 있었다. 감염자의 의복이나 소지품, 병을 앓을 때 사용한 침구, 심지어는 병자가 사는 가옥마저 위험하다고 생각해서 유황으로 훈증하기도 하고, 아예 부수거나 태워 버렸다. 이것이 1900년의 황열에 관한 의학이고 과학이었다. 쿠바 아바나에 사는 의사 카를로스 핀레이(Carlos Finlay)는 모기가 황열을 일으킨다고 주장했지만, 사람들은 그를 이상한 사람으로 취급했다.

1900년 아바나에 황열이 크게 유행하면서 미군은 사망자가 수천 명이나 나오는 괴멸적인 타격을 입었다. 이에 황열의 원인을 규명하고 예방 대책을 세우라는 명령을 받고 군의관 월터 리드(Walter Reed) 대위가 파견되었다. 리드는 즉시 핀레이를 만나 이야기를 나눴고, 모기의 검은 알을 받아 훗날 황열 모기에게 물려 죽을 운명에 처하게 되는 부하이자 군의관인 제스 라지어(Jesse Lazear)에게 알을 우화시키도록 지시했다. 이 무렵 모기가 말라리아의 매개체라는 사실이 밝혀졌고 쿠바에 파견된 영국인 의사 두 사람도 '황열의 매개체는 모기'라고 주장했기에 핀레이의 모기 매개체설을 실험해 보자고 생각한 것이다.

동물은 황열에 잘 걸리지 않아 동물실험이 불가능하기 때문에 사람을 이용해서 감염 실험을 하게 되었다. 증상이 나타나면 중증으로 발전하기 쉽고, 중증화하면 절반 가까이가 죽음에 이르는 황열의 감염 실험에 지원한 사람은 모기의 알을 부화시킨 제스 라지어와 제임스 캐럴(James Carroll)이라는 군의관이었다.

먼저 라지어는 군에서 지원자 7명을 모집하고 고열에 신음하고 있는 환자들을 흡혈한 암컷 모기를 잡아 병에 담았다. 리드는 말라리아의 경험으로 보아 환자를 흡혈한 모기가 다른 사람에게 감염시키는 위험성을 띠기까지 2~3주가 걸리는 점을 지적하며, 라지어와 캐럴에게 황열의 감염 실험도 같은 기간을 두고 실행하라고 사전에 지시했다. 그러나 라지어는 그 기간까지 기다리지 않고 다른 병사와 함께 황열 환자를 흡혈한 모기에게 물려 보았지만, 누구 하나 증상이 나타나지 않았다. 아마도 모기에게 물린 다음 감염 실험을 실시하기까지의 잠복 기간이 충분치 않았기 때문일 것이다.

실망한 라지어에게 이번에는 캐럴이 자신의 팔을 내밀었다. 그래서 중증 환자 2명을 포함해서 여러 환자를 흡혈한 모기를 주도면밀하게 준비해 또다시 감염 실험에 도전했다. 그러자 캐럴은 권태감과 고열이라는 전형적인 황열 증상을 보이더니 빈사 상태에 이르는 심각한 상황까지 갔다가 간신히 살아났다. 또한 캐럴의 피를 빤 모기를 포함해서 모기 네 마리에게 물린 병사도 황열에 걸려 심각한 상황에 이르렀다가 다행히 쾌유되었다. 이 실험을 통해 모기가 황열을 옮긴다는 설이 거의 확실해졌다. 다만 캐럴과 또 다른 병사들은 황열 모기에게 물리는 실험을 하기 전에 황열이 발생한 위험 지역에서 생활한 적이 있어 다른 황열 유발 인자에 노출되었을 가능성은 남아 있었다. 즉 '완전한 실험'이라고는 말할 수 없었던 것이다.

그래서 라지어는 다시 실험해 보기로 마음먹고, 황열 병동으로 모기를 가져가 환자의 피를 빨게 했다. 그때 병실 안에 있던 모기 한 마리가 날아와 라지어의 손등에 앉았다. 죽음을 앞둔 황열 환자가 있는 병동을 날아다니며 환자의 피를 빤 모기였다. 그는 모기를 쫓지 않고 자신의 피를 빨도록 내버려 두었다. 그 후 라지어는 온몸의 권태감과 함께 오한과 고열 증상을 보였다. 황열에 걸린 것이다. 사흘째에는 황달 증상이 나타나며 치명적인 상태가 되더니 결국 사망했다.

리드는 라지어의 죽음과 그때까지의 결과에 입각해, 황열의 모기 감염 실험을 완전한 실험으로 만들어 향후 대책을 마련할 결심을 더욱 강하게 굳혔다. 리드는 감염 실험용 오두막을 새로 짓고, 라지어에게 경의를 표하는 의미에서 '라지어 캠프'라고 명명했다. 그리고 "인류를 구하기 위한 전쟁이 시작되었다. 지원할 자는 없는가?"라며 감염 실험 지원자를 모집했다. 지원한 병사들은 먼저 검역실에서 생활하도록 한 뒤 황열 모기에게 물리도록 하는 실험에 참가했다. 그 결과 전형적인 황열 증상을 보였지만 목숨은 건질 수 있었다.

지원병만으로는 부족해지자, 이번에는 황열을 앓은 적이 없는 스페인 이민자들을 고용해 감염 실험을 계속했다. 그 결과 200달러를 받고 황열 모기에게 피를 빨린 이민자 중 8명이 중증의 황열에 걸렸고 그 가운데 1명이 사망했다.

당시 사람들은 환자의 의복이나 침구를 만지기만 해도 황열에 걸린다고 믿었다. 이에 리드는 병사들에게 황열 환자의 의복과 침구를 만지게 한 뒤 어떻게 되는지 관찰했으나, 아무도 증상을 보이지 않았다. 그래서 좀 더 명확한 답을 얻기 위해 감염되지 않은 병사 중 1명에게는 황열 환자의 혈액을 주사하고 다른 1명은 황열 모기에게 물리게 했다. 그러자 이들은 피부가 노래지고 검은 피를 토하는 증상을 보이더니 사경을 헤매기 시작했다. 즉 황열에 대한 면역을 지니고 있지 않았던 것이다. 이를 통해 환자의 의복이나 침구로는 감염되지 않음이 증명되었다. 청결한 의복과 침구가 갖추어진 위생적이고 쾌적한 방에서 지낸 사람을 황열 모기에 물리게 하는 실험을 실시해, 청결하고 쾌적한 방에서 사는 사람도 황열 모기에게 물리면 전형적인 증상을 보임을 확인했다.

이렇게 해서 리드는 '황열 환자가 있는 (혹은 있었던) 건물 안에서의 감염은 그 건물에 황열 환자를 흡혈한 모기가 있느냐 없느

나에 따라서 결정된다'라는 결론을 내렸다.

🦠 파나마운하와 황열

이와 같은 위험하기 짝이 없는 인체 감염 실험을 통해 환자의 혈액을 빤 모기에게 물림으로써 감염된다는 사실이 증명되었다. 감염 경로를 알게 된 뒤 황열 대책의 중심은 모기 퇴치가 되었으며, 이것은 16세기부터의 염원인 태평양과 대서양을 연결하는 80킬로미터에 이르는 파나마운하의 완성으로 이어졌다.

파나마운하 공사가 진행되는 지역은 당시 "누워서 잠을 잔 공사 인부는 반드시 죽는다"라는 말이 떠돌 만큼 황열과 말라리아가 맹위를 떨치는 곳이었다. 그러나 철저한 모기 퇴치 작업 덕분에 공사 인부의 감염과 사망자 수가 급감했고, 1906년에는 마침내 이 지역에서 황열이 사라졌다. 1914년에 완성된 파나마운하는 효과적인 감염병 대책에 힘입은 위업이었다.

1930년대에는 황열 백신이 개발되었고, 1940년대에는 강력한 살충제인 DDT가 개발되어 매개 모기 퇴치에 대량으로 사용되기 시작했다. 하지만 황열은 현재도 열대 아프리카와 남아메리카에서 유행하고 있다. 아프리카와 중남미 45개국의 9억 명이 황열의 위협 속에서 생활하고 있고, 매년 20만 명의 환자와 3만 명의

사망자가 발생하는 것으로 추정된다. 또한 경제적인 문제 때문에 적극적으로 백신 접종을 추진하지 못하는 빈곤국이 존재한다. WHO와 해당 국가에서는 어린이의 백신 접종을 권장하고 있지만, 뚜렷한 성과를 내지 못하고 있는 것이 엄연한 현실이다.

　최근 열대우림이나 정글이 빠르게 개발됨에 따라 야생동물이 사는 지역에 사람이 진출하면서 황열 바이러스에 노출될 위험성이 커졌다. 한편 아시아의 열대 지역에서는 아직 황열 유행이 일어나지 않고 있는데, 그 이유는 밝혀지지 않았다. 이처럼 황열은 해명되지 않은 수수께끼가 많은 무서운 감염병이다.

두창

스페인인이 가져온
바이러스에 멸망한 아즈테카

지구상에서 사라진 두창

두창(천연두)은 두창 바이러스에 감염됨으로써 발생한다. 이 바이러스에 대한 예방접종은 종두라고 불린다. 나이 든 세대에게는 종두의 흉터가 있지만, 독자 여러분의 팔에는 그런 흉터가 없을 것이다. 인간의 노력으로 두창이라는 병이 지구상에서 사라져 더는 예방 백신을 접종할 필요가 없어졌기 때문이다.

2017년 1월 현재 지구상에서 근절된 감염병은 두창과 가축 전염병인 우역뿐이다. 마지막 환자는 1977년에 보고된 아프리카

동부의 소말리아에 사는 남성이었다. 이렇게 두창을 근절할 수 있었던 이유는 두창 예방 백신이 존재했다는 점과 무증상감염자가 없다는 점(감염자는 모두 발병), 그리고 사람에게만 감염된다는 점과 같은 조건이 갖추어져 있었던 덕분이다. 두창은 백신을 지구상의 수많은 사람에게 접종함으로써 마침내 퇴치에 성공했다.* 이에 따라 백신을 접종할 필요가 없어져 일본에서도 1975년에 백신 접종이 중단되었다(한국은 1980년에 중단되었다 - 옮긴이). 그래서 이후에 태어난 세대에게는 접종의 흉터가 없는 것이다.

🦠 인류의 10분의 1이 희생된 감염병

유사 이래 인류는 두창 바이러스와 함께 살아왔다. 두창 바이러스에 노출되면 감염·발병했고, 살아남았다 해도 후유증이 남은 사람이 많았다. 사람들은 두창의 공포에 떨면서 자손을 남겼고, 그 자손들 또한 두창에 걸렸다. 백신이 보급되는 근대 이전에는 두창과 홍역에 걸렸다가 낫기 전까지는 자녀의 수에 포함하지 않는 풍습조차 있었다.

---

* 1977년 아프리카 소말리아에서 발생한 것인 마지막이어서 1980년 WHO가 공식적으로 두창의 근절을 선언했다.

일본에서 두창이 유행한 사실을 보여 주는 증거 중 하나는 나라에 있는 대불(큰 불상)이다. 서기 737년 한반도에 파견되었던 외교 사절단이 귀국했다. 이 사절단은 두창이 유행한 신라에서 감염되어 희생자가 나온 탓에 약 절반만이 귀국할 수 있었는데, 사절단이 귀국한 무렵부터 당시 수도 헤이조쿄에서 두창의 대유행이 시작되었다. 당시 권력을 쥐고 있던 후지와라 가문의 사형제가 두창에 감염되어 차례로 세상을 떠났고, 민중 사이에서도 수많은 희생자가 나왔다. 그래서 이 두창의 종결과 국가의 안녕을 기원해 747년에 건조하기 시작한 것이 바로 나라의 대불이다.

1977년에 마지막 환자가 나오기까지 두창으로 얼마나 많은 사람이 죽었는지 정확한 수는 알 수 없다. 그러나 적어도 인류의 10분의 1은 희생되었을 것으로 추정된다. 이미 종두가 존재한 20세기에도 무려 3억 명이 두창에 걸려 죽었기 때문이다. 20세기에는 세계대전을 포함해 수많은 전쟁이 일어났음에도 전쟁으로 죽은 사람이 1억 명이 채 안 된다는 점을 생각하면 두창이 얼마나 무서운 감염병이었는지 알 수 있다.

두창의 특징

두창은 사람만 걸리는 병이다. 두창에 걸리면 격심한 증상이 나타나며 치사율은 20~50퍼센트나 된다. 두창 바이러스는 입과 코를 통해서 침입하는데, 먼저 입과 목의 점막에서 증식한 다음 림프절에 침입해 증식한다. 림프절에서 증식된 바이러스는 혈관으로 들어가 혈액을 타고 온몸의 장기에 도달한다. 그리고 비장과 간, 폐 등에서 또다시 증식을 반복한다.

잠복기는 평균 12일 정도다. 두창에는 무증상감염이 없기 때문에 바이러스에 감염된 사람은 반드시 고열과 특징적인 발진 같은 증상을 보인다. 바이러스가 폐나 비장, 간에 이르러 증식할 무렵 감염자는 39~41도의 고열에 시달리며 두통과 복통, 구토 등의 증상을 보인다.

그 후 바이러스는 피부로 향해 특정적인 발진을 일으킨다. 발진은 피부 전체로 퍼지며 수포성 발진이 된다. 수포의 중심부는 배꼽처럼 움푹 패여 있으며, 수포 속 액체에는 두창 바이러스가 들어 있다. 이 수포는 2주가 지나면 농포(고름이 들어 있는 수포)가 되고, 동시에 두흔(마맛자국)이라고 부르는 지름 1센티미터 정도의 발진을 일으킨다. 설령 목숨을 건지더라도 이것들이 평생 마맛자국으로 남게 된다.

두창 환자는 발병 초기에는 콧물이나 기침을 통해서, 발진이 나타난 뒤에는 수포 속 액체 또는 고름이 말라서 생긴 딱지를 통해서 주위 사람들에 대한 감염원이 된다. 과거에는 두창 환자의 딱지가 생물병기로 사용되었다. 감염력이 강하고 안정적이며 좀처럼 죽지 않는 튼튼한 바이러스인 까닭에 일단 바이러스가 사람 집단에 유입되면 두창 면역이 없는 사람은 대부분 감염·발병했다.

아즈텍 문명을 멸망시킨 두창

1492년 크리스토퍼 콜럼버스 일행이 아메리카를 발견하자, 스페인은 신대륙에서 새로운 땅과 부를 추구하며 식민 활동에 나섰고 거듭해서 원정대를 보냈다.

신대륙에는 두창이나 홍역 같은 병이 존재하지 않았다. 즉 신대륙의 원주민은 두창이나 홍역에 대한 면역을 가지고 있지 않았다는 뜻이다. 어떤 감염병에 대한 특이 면역이 없는 집단에 그 감염병의 병원체가 침입하면 순식간에 대유행을 일으키며, 감염자는 높은 확률로 중증화하는 경향이 있다. 한편 유럽에서는 5세기 이후 두창의 유행이 반복적으로 일어나고 홍역도 유행했기 때문에 원정대의 스페인인은 대부분 어렸을 때 두창과 홍역을 앓아 내성을 지니고 있었다. 두창과 홍역은 한 번 앓으면 두 번 다시 걸리지 않는다.

이런 상황에서 스페인인이 신대륙에 계속해서 들어오자 의도치 않게 두창 바이러스와 홍역 바이러스도 같이 신대륙으로 들어오게 되었다. 두창의 유행은 스페인인이 점거한 히스파니올라섬에서 시작되어 순식간에 쿠바로 퍼져 나갔다. 1518년 두창이 카리브해의 섬들에서 대유행을 일으켰다. 스페인인들은 면역을 가지고 있었기에 발병하지 않았지만, 원주민인 인디오는 면역이 없어 큰 인명 피해가 발생한 나머지 순식간에 인구가 격감했다.

1518년 11월 쿠바에서 에르난 코르테스(Hernán Cortés)가 스페인인 400명을 이끌고 아즈테카 왕국이 지배하는 멕시코로 향했다. 아즈텍 문명은 중앙아메리카 최후의 대문명으로 여겨지는데, 거대한 신전이 즐비한 텍스코코호 위의 수상 도시 테노치티틀란(인구 20만 명)의 정원과 운하는 신비한 아름다움을 지니고 있었다.

아즈테카의 국왕은 침략자인 코르테스와 스페인인들을 도시로 불러들여 대접했지만, 코르테스는 그 기회를 이용해 국왕을 유폐했다. 그러나 병사 수에서 압도적으로 불리한 스페인인들은 코르테스가 자리를 비운 동안 해안선까지 철수해야 했다. 이때 스페인 사람들이 데려간 노예 중에 두창에 감염된 자가 섞여 있었는데, 이것이 두창 바이러스를 멕시코가 있는 유카탄반도에 퍼뜨리는 결과로 이어졌다. 두창은 순식간에 유행하기 시작했고 코르테스가 군을 재편성해 다시 테노치티틀란에 도착했을 때는 이미 두창 바이러스가 도착한 뒤였다.

아즈테카 왕국 최후의 왕인 콰우테모크는 전투 끝에 스페인군을 몰아냈지만, 그날 밤 두창의 감염은 폭발적이었다. 성내와 도로는 희생자로 가득 찼고, 국왕 콰우테모크와 중신들 그리고 수많은 병사가 두창으로 사망했다. 무력으로는 승리를 거두었지만 두창의 대유행으로 아름다운 호수 위의 도시와 함께 멸망하게 되었다.

두창에 희생된 수많은 시신이 썩는 냄새가 진동하던 테노치티틀란은 멕시코시티로 이름을 바꾸고 누에바에스파냐('새로운 스페인'이라는 의미 – 옮긴이)의 수도가 되었다. 아즈테카 왕국의 옛 수도는 파괴되었고, 과거에 테노치티틀란의 성소인 테오칼리가 있던 장소는 현재 멕시코시티의 중심부가 되었다.

잉카제국까지 번진 두창

두창과 홍역에 전혀 면역이 없었던 아메리카 원주민 사이에서 두창은 사람에서 사람으로, 마을에서 마을로 빠르게 확산되었다. 1525년에는 마침내 남아메리카의 잉카제국에도 두창 바이러스가 유입되었다. 1531년 페루에 상륙한 프란시스코 피사로(Francisco Pizarro)는 1533년에 기병 67명과 보병 110명이라는 적은 병력으로 잉카제국을 점령했는데, 이때 잉카제국은 두창의 대유행에 휩쓸리고 있었다.

스페인의 침입을 계기로 16세기 중반까지 두창과 홍역과 같은 감염병 유행으로 아즈테카는 2,500만 명에서 300만 명으로, 잉카는 1,000만 명에서 130만 명으로 인구가 격감했다.

두창과 홍역이 대유행하는 가운데 원주민들은 한 가지 공통된 의문을 품었다. '왜 우리만 이 병에 걸리고 스페인 사람들은 걸리지 않는 걸까?' 그리고 이런 생각에 도달했다.

'스페인 사람들의 신이 아즈테카의 신보다 훌륭하기 때문이야. 그래서 스페인 사람들은 아즈테카를 지배하기 위해 온 것인

데, 그런 스페인 사람들을 거역했으니 천벌(두창이나 홍역의 감염)을 받는 것은 당연한 일이다.'

면역학이 발달해 병원체에 한 번 감염되면 그 병원체에 대한 획득(적응) 면역을 갖게 되어 그 후에는 병원체에 노출되어도 가벼운 증상으로 끝나거나 발병을 피할 수 있음을 알게 된 것은 그로부터 약 3세기가 지나서였다. 폭발적인 감염 이후 많은 원주민이 스페인의 종교인 가톨릭으로 개종했다.

두창은 북아메리카에서도 확산되어 유럽 국가의 식민지화를 가속시켰다. 콜럼버스가 도착했을 때 남북아메리카 대륙의 인구는 약 7,200만 명이었는데, 1620년경에는 두창 등 감염병과의 전쟁으로 60만 명까지 감소했다고 한다.

두창 바이러스 때문에 20세기에만 3억 명 넘는 사람들이 죽었다니….

제3장
—
되살아나고 있는 감염병

결핵

내성균이 유행하면 '죽음의 병'이 될 감염병

 세계 인구의 3분의 1이 감염

결핵은 결핵균의 감염으로 일어나는 만성 감염병이다. 세계 3대 감염병이라고 하면 에이즈·말라리아·결핵을 가리키는데, 결핵은 에이즈에 이어서 두 번째로 사망자 수가 많은 중대한 질환이다. 세계 인구의 무려 3분의 1이 결핵에 감염된 것으로 생각된다. 2013년에는 연간 900만 명이 결핵에 걸렸고 150만 명이 사망했다. 더욱 무서운 점은 이 가운데 48만 명이 항결핵제(이소니아지드와 리팜피신) 투약에도 죽지 않는 결핵균에 감염된 다제 내성 결핵 환자로 추정된다는 사실이다.* 이런 결핵균은 약의 선택지를 좁혀 치료를 어렵게 만든다.

결핵 환자는 주변에서 보기 힘들어 개발도상국 같은 빈곤국에나 있는 감염병이라고 생각하기 쉬울 것이다. 그리고 실제로 결핵 사망자의 95퍼센트 이상은 저·중소득 국가에서 발생하고 있다.

그러나 일본의 경우를 살펴보면, 결핵에 걸릴 확률은 2016년 현재 인구 10만 명당 14.4명이다. 인구 10만 명당 10명 미만이어야 저(低)만연국이기 때문에 일본은 결핵 중(中)만연국에 속한다.** 2016년의 신규 결핵 감염자 수는 1만 8,280명이고 1,955명이 사망했다. 19세기 중반부터 1940년대까지는 많은 국민이 감염된다고 해서 '국민병'으로, 수많은 사망자가 발생해 사회에 지대한 타격을 입힌다고 해서 '망국병'으로 불렸다. 당시의 사람들은 결핵을 죽음의 병으로서 두려워했다.

1944년 러시아 출신 미국의 세균학자인 셀먼 왁스먼(Selmon A. Waksman)이 방선균의 배양 여과액에서 항결핵제인 스트렙토마이신을 개발했고, 국가 차원에서 결핵 대책에 힘을 쏟은 덕분에 사망자는 크게 감소했다. 그러나 최근 들어 일본의 결핵 발생

---

* 2019년 한국의 다제 내성 결핵 환자 수는 68명으로 전년에 비해 17명(33.3퍼센트) 증가한 숫자이다.
** 2019년 현재 한국의 결핵 이환율은 인구 10만 명당 46.4명으로 결핵 후진국에 속한다. 또한 2018년 신규 결핵 감염자 수는 23,281명, 사망자 수는 1,800명이었다.

감소세가 둔화되고 있다. 현재 일본에서는 하루에 신규 환자가 56명 발생하고 6명이 사망하고 있다.*

결핵은 앞으로 더욱 심각한 문제로 발전할 가능성이 큰 감염병이다. 그 이유는 무엇일까?

어떻게 전염될까?

결핵은 결핵균에 감염됨으로써 일어나는 전신성 감염병인데, 주로 폐에 염증을 일으킨다. 과거에 결핵을 폐병이라고 부른 이유가 여기에 있다. 결핵균을 외부에 배출하는 경우는 일부 환자로 국한되지만, 균을 배출하는 결핵 환자의 가래 속에는 특히 많은 결핵균이 들어 있다. 또한 환자가 기침이나 재채기, 말을 할 때 침과 함께 공기 속으로 퍼진 결핵균을 주변 사람이 들이마시게 된다. 요컨대 결핵균은 '공기 감염'의 형태로 전염된다.

다만 결핵균이 폐 속의 기관지 벽까지 도달하지 않으면 감염이 성립되지 않는다. 비말 같은 커다란 알갱이는 기관지 점막에 흡착해 코털이나 기관지 내벽의 섬모 운동을 통해 밖으로 배출

---

* 2018년 기준 한국의 1일 발생 신규 환자 수는 64명, 사망자 수는 5명으로 2011년 이후 신규 환자 발생은 해마다 감소하고 있다.

되기 때문에 폐 속까지는 도달하지 못한다. 증식에 걸리는 시간 또한 일반적인 세균이나 바이러스에 비해 수십 배에서 수백 배나 느려 증식 효율이 나쁘다. 이런 이유에서 결핵균은 홍역이나 독감과 같은 감염병에 비해 감염력이 약하며, 이 때문에 실제로는 결핵균을 배출하는 환자와 장기간에 걸쳐 밀접하게 접촉하지 않는 이상 잘 전염이 되지 않는다.

치료를 개시하기 전의 환자가 자신도 깨닫지 못한 채 일터나 학교·집에서 균을 배출하는가 하면, 치료를 받지 않은 중증 폐결핵 환자는 다량의 결핵균을 배출한다. 이 같은 경우에는 주위 사람들에게 감염될 위험성이 높아진다. 2016년에는 일본 도쿄의 시부야경찰서와 일본어학교에서 집단감염이 발생한 적이 있다.*

감염과 발병의 차이

결핵은 감염과 발병을 구분할 필요가 있다. 사람이 결핵균에 노출되었을 때 감염되는 비율은 약 30퍼센트라고 한다. 다만 감염되었다고 해서 모든 사람이 발병하는 것은 아니다.

'발병'이란 감염 후 결핵균이 활동을 시작해서 균이 증식해 신

* 한국은 2015년 인천의 모 중학교에서 학생과 교사 100여 명이 집단 발생한 적이 있다.

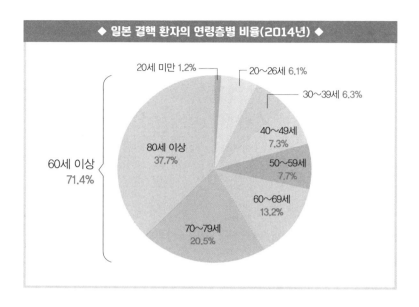

◆ 일본 결핵 환자의 연령층별 비율(2014년) ◆

20세 미만 1.2%
20~26세 6.1%
30~39세 6.3%
40~49세 7.3%
50~59세 7.7%
60~69세 13.2%
70~79세 20.5%
80세 이상 37.7%
60세 이상 71.4%

체 조직을 파괴해 가는 것이다. 감염되어도 결핵에 걸리지 않는 사람이 많은 이유는 면역 기능이 몸속에 있는 결핵균의 증식을 억제하기 때문이다. 그러므로 결핵에 걸리는 비율은 연령층과 생활환경, 사회 상황 등에 따라 달라진다.

결핵 예방 백신인 BCG 접종을 한 사람이 결핵에 걸리는 비율은 5~10퍼센트라고 하며, 절반가량이 감염된 지 1년 이내에 발병한다. 젊은 사람의 집단감염 사례 중에는 감염된 사람의 10~20퍼센트 이상이 발병한 경우가 있다. 또한 결핵의 발병과 그 예후는 에이즈 감염이나 당뇨병 등 다른 만성질환 등의 요인에 의한 면역력 상태에 따라서도 달라진다.

현재 일본의 신규 결핵 환자 중 70퍼센트가 60세 이상이며, 그 절반 이상이 70세가 넘은 고령자다. 일본 사회는 고령화가 급속히 진행되고 있는데, 나이가 들면서 잠재 결핵이 모습을 드러내는 발병과 결핵 환자의 고령화가 앞으로 중대한 문제로 떠오를 것이다.*

결핵은 전신성 감염병

결핵이 발병하여 증상이 진행되면 기침이나 가래가 나와서 결핵균이 공기 속으로 배출된다. 이것을 배균이라고 한다. 더러 발병해도 배균하지 않는 경우가 있는데, 그때에는 감염원이 되지 않는다. 그러나 인간의 면역 기능이 결핵균의 증식을 억제한다 하더라도 이것이 곧 균 전체를 죽여서 배제할 수 있다는 의미는 아니다.

결핵균은 인간의 면역 세포가 균을 가두기 위해 만든 세포 육아종의 중심부(건락괴사소乾酪壞死巢)에서 인간의 면역 체계와 교묘하게 균형을 유지하여 살아남으며, 그 결과 인간의 몸속에서 공

---

* 한국의 경우 65세 이상 고령자가 전체 결핵 신규 환자의 절반에 가까운 47퍼센트를 차지한다.

존하게 된다(잠재성 결핵). 이렇게 해서 몇 년 또는 몇십 년 동안 체내에 잠복·공존한 후 결핵을 발병시키기도 한다.

결핵균이 폐에 침입하면 결핵 특유의 결절(세포 육아종)을 만드는데, 이 단계에서는 감염자에게 증상이 나타나지 않는다. 하지만 몸의 저항력이 떨어지면 앞에서 이야기한 건락괴사소가 액상화하고, 결핵균이 외부로 방출되어 증식하기 시작한다. 다만 몇 달 동안은 기침과 발열, 수면 중 식은땀, 체중 감소 등의 증상에 그쳐 증상이 가벼운 탓에 의료 기관을 늦게 찾아가게 되어 주위에 결핵균을 감염·전파하는 상황으로 이어진다.

이렇게 해서 결핵균이 증식해 폐렴을 일으키면 발열, 각담(가래), 각혈 등의 증상이 나타나기 시작한다. 그리고 염증이 심해지면 조직이 파괴되어 화농에 가까운 상태가 된다. 여기에서 더욱 진행되면 기침이나 재채기를 할 때 녹은 폐 조직이 기관지를 통해서 밖으로 나오며, 결핵균의 병소는 구멍이 뚫린 공동이 된다. 그러면 산소를 좋아하는 결핵균은 폐의 공동에서 한층 더 증식하게 된다.

결핵은 대부분 폐결핵이지만, 사실은 전신성 감염병이다. 결핵균은 폐의 입구에 있는 폐문 림프절의 병소에서 림프관을 통해 목 부분의 정맥에 도달하고, 혈액 속에 들어간 다음 다른 장기로 퍼져 나간다. 혈액 속에 대량의 결핵균이 들어가면 간과 비장, 폐

전체, 인두, 장, 귀와 눈, 피부와 뇌 등 장기 여기저기에 무수한 결핵의 병변을 만드는 경우가 있다. 이것을 좁쌀결핵(속립결핵)이라고 부른다.

결핵균이 뇌에 도달하면 뇌척수막에 병소를 만들어 결핵성 수막염을 일으킨다. 결핵성 수막염에 걸리면 3분의 1가량이 사망하며, 치유되더라도 무거운 후유증이 남는 경우가 있다. 그 밖에도 병소가 생긴 장소에 따라 척추결핵, 신장 결핵, 장결핵, 방광결핵 등이 있다.

치료를 게을리하면 폐의 조직이 파괴되어 호흡곤란에 빠지거나 다양한 장기 조직이 파괴되어 기능 부전으로 사망하고 만다.

치료약과 약이 듣지 않는 내성균

결핵을 치료하려면 반년 동안 처방받은 약을 매일 정확하게 복용해야 한다. 중요한 점은 증상이 사라졌다고 치료 도중에 약의 복용을 중단해서는 안 된다는 것이다. 복용을 중단하면 결핵이 낫지 않을 뿐 아니라 결핵균이 약에 대한 저항력을 키워서 약이 전혀 듣지 않는 다제 내성 결핵균의 원인이 된다.

현재 이렇게 약제에 내성을 지닌, 즉 약제의 효과를 얻을 수 없는 결핵균이 확산되고 있어 큰 문제가 되고 있다. 결핵의 표준적인 치료 방법은 항결핵제 가운데 2~4가지를 6개월 동안 복용하는 다제 병용 요법으로, 이런 항결핵제 가운데 리팜피신과 이소니아지드가 가장 강력한 항결핵 효과를 지니고 있다.

표준적인 항결핵제 중 적어도 한 가지에 내성이 있는 결핵균이 조사를 실시한 모든 나라에서 발견되었고, 게다가 이소니아지드와 리팜피신에 내성을 지닌 다제 내성 결핵이 발생하고 있다. 다제 내성 결핵에 걸리면 화학요법을 통한 치료가 매우 어려워진다. 그러면 2차 약제를 이용한 치료를 해야 하며, 이 경우는 약을 선택할 수 있는 폭이 좁고 치료 기간도 길어진다. 일본의 결핵 치료율은 약 80퍼센트이지만, 다제 내성 결핵의 경우는 50퍼센트로 떨어진다.*

다제 내성 결핵균 가운데 2차 약제를 통한 치료에 사용되는 뉴퀴놀론계 항생제 중 한 종류 이상, 주사 가능한 항결핵제 중 한 종류 이상에 내성이 있는 균은 초(超)다제 내성 결핵이 된다. 초다제 내성 결핵은 항결핵제를 이용한 치료가 사실상 불가능하여 치유율이 30퍼센트 정도로 더욱 저하된다.

다제 또는 초다제 내성 결핵균이 확산되면 결핵 치료가 어려워지는 데다가 치유율이 낮아져 건강 피해가 더욱 확대된다. 다

* 한국의 결핵 치료율은 76.9퍼센트이며 다제 내성 결핵의 경우에는 64.7퍼센트이다.

제 내성 결핵이나 초다제 내성 결핵에 걸리면 치료를 시작하는 시점부터 이미 매우 어려운 상황에 직면하게 되는 셈이다.

아시아에서 결핵 환자 급증

전 세계적으로는 아프리카와 동남아시아 지역에서 신규 환자가 크게 증가하고 있다. 특히 아프리카의 신규 환자 발생 수는 과거 20년 동안 두 배로 증가했다. 이렇게 결핵의 발병률이 상승한 배경으로는 HIV 감염자와 에이즈 환자의 증가에 따른 면역력 저하 때문이다. 에이즈와 결핵균의 중복 감염은 결핵의 중증화를 초래한다.

앞에서 이야기했듯이 2013년 전 세계에서 48만 명이 다제 내성 결핵으로 사망했다. 사망자의 절반 이상은 러시아와 중국·인도에서 나왔으며, 다제 내성 결핵 중 약 9퍼센트는 초다제 내성 결핵으로 추정된다. 또한 부적절한 치료와 품질이 떨어지는 약제를 사용한 치료도 내성 결핵균을 발생시키는 원인이 된다. 이에 대한 감시의 강화와 대책을 실시할 수 있느냐 하는 것이 국제적인 중대 과제로 떠오르고 있다.

일본의 결핵 환자 중 젊은 세대(주로 20대)는 아시아 국가에 갔다가 귀국한 뒤 발병한 경우가 약 절반(2014년에는 43퍼센트)을 차

지한다. 현재 아시아 국가에서 신규 결핵 환자가 급증하고 있는 가운데 '치료 경력이 없는 신규 환자' 25명 중 1명은 다제 내성 결핵이다. 아시아의 국가 간 인적 교류가 활발하기에 앞으로 약제 내성 결핵이 발생할 것으로 생각된다.

또한 아시아에서 러시아, 남아프리카에 이르는 넓은 지역에서 '베이징 균주'라는 결핵균이 만연하고 있다. 베이징 균주는 비교적 새로운 결핵균으로, 발병률이 높고 감염 전파력이 강력할 뿐 아니라 재발하기 쉬운 특징이 있다.

새로운 치료약과 우려

최근 들어 실로 40여 년 만에 새로운 항결핵제인 베다퀼린과 델라마니드가 개발되어 치료에 사용하게 되었다. 이 두 약제는 지금까지의 모든 항결핵제와 다른 구조를 지니고 있다.

다제 내성 결핵과 초다제 내성 결핵의 발생과 확산이 크게 우려되는 상황 속에서 이 약에 대한 내성균을 만들지 않도록 적절하게 사용해야 한다. 약이 듣지 않는 결핵이 주류가 되어서 유행을 일으킨다면 과거에 결핵이 죽음의 병으로 불리던 공포의 시대가 또다시 찾아올 것이기 때문이다.

파상풍

지진, 수해 등 재해와 함께
찾아오는 공포의 감염병

끈질기게 살아남는 파상풍균

2011년 3월 11일 동일본 대지진이 발생해 많은 사람이 피해를 입었다. 이 대재해 이후 파상풍이라는 중대한 세균성 감염의 사례가 여러 차례에 걸쳐 보고되었다. 파상풍은 과거에 많은 사람의 목숨을 앗아 간 감염병이다. 일본에서는 1968년부터 예방접종법에 의거해 지방자치단체의 주도로, 디프테리아·백일해·파상풍 3종 혼합 백신의 형태로 파상풍 톡소이드 백신을 정기 접종하여 파상풍 환자의 발생을 억제할 수 있었다. 그 결과 일본에서는 연간 환자 수가 수십 명에서 100명 정도이다.

파상풍은 백신을 접종하면 발병을 억제할 수 있는 감염병이다. 파상풍 환자의 대부분은 지금까지 백신을 맞은 적이 없거나 최근 10년 사이에 추가 접종을 하지 않은 사람이다. 전 세계적으로는 개발도상국을 중심으로 연간 100만~200만 명의 환자가 발생하는 것으로 생각된다. 게다가 파상풍은 지진이나 수해 등이 일어났을 때 발생 위험이 높아지므로 재해가 발생하면 특히 주의해야 하는 무서운 감염병이다.

파상풍의 병원체는 파상풍균이라는 세균이다. 전 세계의 땅속에, 동물(말·양·소·개·고양이·쥐·기니피그·닭·사람 등)의 장 속 또는 분변 속 등 널리 존재한다. 특히 말을 키우는 축사나 외양간 주변은 파상풍균에 상당히 오염되어 있다. 또한 가축의 똥을 비료로 사용한 땅에도 파상풍균이 많이 들어 있다.

파상풍균은 아포(芽胞) 상태로 열이나 건조, 소독 등을 버텨 내며 끈질기게 살아남는다. 아포란 세균이 단단한 껍질에 뒤덮인 채 휴면·정지 상태인 것을 말한다. 아포를 형성할 수 있는 세균은 일부에 불과한데, 아포균은 증식하기에 적절치 않은 환경이 되면 휴면 상태로 버티다가 외부 조건이 호전되면 발아하여 증식을 시작한다. 참고로 탄저균을 하얀 분말로 만들어 생물병기로 사용하는 것은 탄저균이 아포가 되는 성질을 악용한 것이다.

사소한 상처로 감염되면 나타나는 무서운 증상

파상풍균은 아포 형태로 상처를 통해 몸속에 침입한다. 진흙 속에서 다리를 베이거나 오래된 못을 밟았을 때는 물론이고 화상을 입었을 때, 텃밭이나 정원 작업, 운동을 하다가 다쳤을 때 생긴 작은 상처로도 아포가 몸속으로 들어간다. 균의 침입 부위를 특정하지 못하는 환자가 20퍼센트가 넘는다는 것은 사소한 상처만으로도 파상풍에 감염될 수 있음을 말해 준다.

파상풍균은 산소가 적은 조건에서 발아·증식하는 혐기성균이므로 침입한 아포는 공기가 적은 환경에서 발아하고 그곳에서 파상풍균이 증식한다. 그리고 파상풍균의 자기 융해에 따라 균체 외부로 파상풍 독소(테타노스파스민) 등 신경 독소를 방출한다. 이 파상풍 독소는 식중독을 일으키는 보툴리눔균이 생산하는 독소와 함께 최강의 독소로 평가받는다. 상처 주위의 운동신경을 통해 신경 세포 속으로 들어가 신경 기능을 손상시키면서 척수·뇌 신경의 운동신경 중추를 향해 이동한다. 테타노스파스민은 신경과 결합해 근육의 수축을 제어하도록 작용하는 전달 물질의 방출을 억제하는데, 그 결과 근육이 전혀 제어되지 않아 수축을 일으키며 경직된다. 이런 근육의 경직은 파상풍의 특징적인 증상으로, 파상풍(tetanus)의 어원인 그리스어 'tetano'가 '긴장하다'라는 의미인 것도 이 때문이다.

파상풍의 잠복기는 3~21일(평균 10일 정도)이다. 상처를 입고 며칠 후에 두통과 불쾌함, 근질근질한 감각이 나타나고 서서히 아래턱과 입이 굳어 움직이기 어려워 얼굴이 일그러지거나 혀가 꼬이고 입이 잘 안 벌어져 말을 하거나 음식을 삼키기가 어려워 진다. 파상풍은 국소형, 두부형, 전신형의 세 종류가 있는데 환자의 대부분인 약 80퍼센트가 전신형 파상풍이다.

파상풍 독소가 뺨의 근육에 이르면 얼굴에서도 경련이 일어난다. 그래서 입술이 옆으로 벌어지면서 살짝 열리고 치아가 노출되어 마치 웃고 있는 것 같은 모습으로 굳어 버리는 파상풍 안모(얼굴 모양)가 된다. 그리고 목의 근육이 경련을 일으킨다.

그뿐 아니라 급격한 마비와 보행 장애, 전신의 근육이 경직되어 심한 경직성 경련이 일어난다. 특히 등 근육과 턱 근육 등 크고 강한 근육의 경직 상태가 두드러지며, 이 때문에 골절도 발생한다. 그리고 마지막에는 피겨스케이팅의 동작인 이나바우어처럼 활과 같이 몸이 뒤로 젖혀지는 상태(후궁반장)가 되어 버린다.

빛과 소리 같은 자극이 경련성 경직을 유발하므로 절대 안정을 취해야 하는데, 이윽고 호흡근이 경직해 호흡곤란을 일으킨다. 증상이 나타나는 동안에도 의식은 또렷해서 통증과 함께 발작의 공포를 느끼기 때문에 심각한 정신적 고통을 느낀다.

몇 분씩 계속되는 경련이 빈번하게 나타나는 상태가 3~4주 지속되며, 파상풍의 증상이 사라지기까지는 몇 개월이 걸린다. 최근에는 조기 진단과 항혈청 요법 또는 근이완제와 인공호흡을 통해 회복 가능성이 높아졌지만, 일본의 경우 환자의 10퍼센트는 호흡곤란에 빠져 사망한다.

파상풍 면역 혈청은 혈액 속에 유리되어 있는 독소를 중화할 수 있지만, 조직에 결합한 독소는 중화하지 못한다. 또한 한번 신경과 결합된 독소는 떼어 낼 수 없기 때문에 발병 초기에 치료하는 것이 매우 중요하며, 조기에 집중 치료를 실시할 필요가 있다. 그러나 재해가 발생하면 의료 자원이 한정되므로 그러한 대처를 기대하기가 어렵다.

파상풍 독소인 테타노스파스민은 지극히 미량으로 파상풍을 일으키기 때문에 파상풍에 걸렸다가 치유되더라도 충분한 면역이 생기지 못한다. 테타노스파스민의 인간에 대한 치사량은 체중 1킬로그램당 2.5나노그램(1나노그램은 1그램의 10억 분의 1. 1나노는 마이너스 9제곱)이다. 예를 들어 몸무게가 60킬로그램인 사람은 150나노그램이라는 지극히 적은 양으로 목숨을 잃게 된다. 파상풍은 몇 번이든 걸릴 수 있으므로 파상풍 백신을 접종하여 인공적으로 백신 면역을 갖출 필요가 있다.

재해가 발생했을 때뿐 아니라 의료 접근성이 낮은 국가 또는 지역을 찾아가거나 체류해야 할 경우에는 사전에 백신을 접종하여 감염을 예방할 필요가 있다.

누구나 감염될 수 있다

파상풍이라는 이름에서 '풍(風)'은 저림 또는 마비를 의미한다. 풀어서 쓰면 '상처(傷)를 입어서(破) 풍(마비·저림)을 일으킨다'라는, 무서운 감염병의 감염 경로와 증상을 정확하게 표현한 명칭이라고 할 수 있다. 파상풍은 사람에서 사람에게 전염되는 병은 아니나, 파상풍균은 흙에 널리 존재하기 때문에 상처를 입으면 쉽게 감염될 수 있다. 파상풍균에 접촉하지 않고 일상을 보내기란 불가능하므로 누구나 감염될 위험성이 있는 것이다.

일본에서는 1952년 파상풍 백신이 사용되기 시작했고 1968년부터 디프테리아·백일해·파상풍 3종 혼합 백신이 정기 예방접종 사업이 시작되면서 파상풍 환자와 사망자가 모두 감소하게 되었다.

현재는 예방 백신이 정기 접종되고 있어 어린이부터 30세 전후의 성인의 파상풍은 거의 보고되지 않다. 하지만 정기 접종이 도입되기 이전 세대인 중·노년 이상은 면역을 지니고 있지 않은 경우가 많아서인지, 2006년 일본 전국의 통계를 보면 평상시의 파상풍 환자 중 95퍼센트 이상이 30세 이상의 성인이었다.

재해 시의 공포

재해가 발생하면 상처를 입을 위험성이 높은 데다가 긴급히 의료 서비스를 받기도 어렵다. 사실 재해가 발생하면 의료가 문제가 아니라 상처를 깨끗이 씻어 낼 안전한 물조차 확보할 수 없는 상황에 빠진다. 진흙 등의 불순물은 물론 병원체도 씻어 내지 못한 채, 즉 파상풍균의 아포가 존재한 채 시간이 지나면 상처를 통해 파상풍균에 감염되며, 그 상태에서 치료가 늦어지면 독소에 따른 발병 위험이 높아진다. 동일본 대지진 당시 쓰나미에 휩쓸릴 때나 대피해 있는 동안 입은 상처에 의한 재해 관련 파상풍 감염 사례가 여러 의료 기관에서 보고되었는데, 모두 50대 이상이었다.

대규모 재해가 발생했을 때는 의료 서비스 자체가 제한되고 백신과 치료약을 구하는 일마저 매우 어렵다. 평소에 백신을 맞아 두는 것이 스스로 실천할 수 있는 효과적이고 중요한 재해 대책이라 할 수 있다.

일본의 문학작품 중에는 파상풍이라는 감염병의 본질을 여실히 보여 주는 소설들이 있다. 나가쓰카 다카시의 〈흙〉에서는 농촌의 한 아낙이 가난 때문에 아이를 낙태하려다 파상풍에 걸려 죽는다. 이 소설에는 1940년대까지 낙태에 널리 이용되던 민간요법이 나오는데, 그 때문에 파상풍에 걸린 주인공의 증상이 자세히 묘사되어 있다. 또 미키 다쿠의 〈떨리는 혀〉라는 소설은 사소한 상처로 파상풍에 걸린 네 살배기 여자아이와 그 가족의 모습을 그리고 있다.

이렇게 소설 속에 등장하는 것만 보아도 파상풍이 얼마나 무서운 감염병인지를 충분히 알 수 있다.

홍역
—
고령화 시대에 수명을
결정할 수도 있는 감염병

흰 반점과 붉은 발진

홍역은 홍역 바이러스가 원인이 되어 발생하는 급성 전신성 감염병이다. 8~12일 정도의 잠복기를 거친 뒤 38도 정도의 발열, 기침이나 재채기, 콧물, 결막의 충혈 등 감기와 비슷한 증상이 나타나고, 발진이 생기기 1~2일 전쯤 입안에 홍역의 특징적인 증상인 구강점막(코플린) 반점이라는 희고 작은 반점이 나타난다.

그 후 일단 열은 내렸다가 다시 39도 이상 고열이 나고 홍역

특유의 발진이 나타난다. 붉은 발진은 귀와 목뒤, 이마 부분에서 시작되어 다음 날에는 얼굴과 몸, 팔을 비롯해 온몸으로 퍼지고 열은 3~4일 동안 계속된다.

홍역 바이러스에 효과가 있는 치료제가 없기 때문에 이런 증상을 완화시키는 대증요법을 실시하는 방법밖에 없다. 고열이 내리면 발진도 가라앉고 합병증이 없는 한 7~10일 정도면 회복된다.

현재의 의료 환경에서 사망하는 경우는 1,000명 중 1명이지만, 옛날에는 홍역이 '수명을 결정하는 병'이었다. 아이가 홍역을 치르고 살아남기 전까지는 자녀의 수에 넣지 않을 만큼 무서운 감염병이었다. 홍역의 진정한 무서움은 심각한 합병증에 있다.

홍역보다 무서운 합병증

홍역의 주요 합병증은 폐렴과 뇌염이다. 그 밖에 중이염이나 매우 드물게는 아급성 경화성 범뇌염(Subacute Sclerosing Panencephalitis. 이하 SSPE)이라는 예후가 좋지 않은 병이 합병증으로 나타나는 경우가 있다. 이 SSPE는 감염 후 몇 년 또는 10년이라는 긴 시간을 거쳐 발병한다. 홍역 바이러스가 뇌 속에서 잠복 지속 감염 상태를 유지하면서 바이러스 변이가 일어나는 경우가 있다. 이것을 SSPE 바이러스라고 하는데, 발병의 메커니즘은 아직 제대로 밝혀지지 않았다. SSPE는 근본적인 치료법이 없어서 거의 모든 환자가 사망하는 안타까운 병이다. 처음에는 학습 능력이 저하되고, 건망증이 잦아지며, 감정이 불안정해지고, 글씨는 괴발개발이 되고, 평소와 다른 행동을 하고, 몸이 움찔거리는 증상을 계기로 알아채는 경우가 대부분이다. 특히 학령기에 많이 발병한다.

과거에 국립 감염증 연구소에 근무하던 시절, SSPE에 걸린 아이의 어머니와 이야기를 나눈 적이 있다. 그 어머니는 줄곧 멍한 상태로 있고 건망증이 심해진 아들에게 "전에는 안 그랬는데 대체 왜 이러니?"라며 꾸짖었던 일을 자책했다. 그러고는 "홍역 바이러스 때문에 그렇게 된 건데, 나을 수 있는 병이 아닌데, 너무 심한 말을 했어요"라며 눈물을 흘렸다.

홍역 감염자 수만 명 중 1명이 SSPE에 걸린다고 알려져 있는데, 홍역이 크게 유행하던 시절에는 연간 5~10명의 SSPE 환자가 발생했지만 백신이 보급된 덕분에 최근 10년 동안은 연간 1~4명으로 감소했다. 현재 일본에는 150명 정도의 환자가 있다.

현대의 홍역

홍역 바이러스는 공기 감염, 비말 감염, 접촉 감염을

통해 사람에서 사람으로 전파되며 전파력이 매우 강력하다. 홍역에 대한 면역이 없는 사람이 홍역 바이러스에 노출되면 거의 100퍼센트 발병한다. 공기로 감염되기 때문에 마스크나 손 씻기로는 감염을 예방할 수 없으며, 가장 효과적인 예방법은 백신 접종이다. 홍역 백신은 1960년에 개발되었고, 일본에서는 1978년에 예방접종 사업이 도입되었다.*

2006년 일본에서 10만 명 규모의 홍역 유행이 발생했고, 감염자 대부분이 어렸을 때 홍역 백신을 한 차례 접종한 적이 있는 고등학생과 대학생이었다. 이와 같은 젊은이들의 홍역 유행은 사실 2000년경부터 각지에서 발생해 왔다. 그래서 1978년 도입된 이래 줄곧 만 1세의 유아에게 1회 예방접종하는 방식이던 홍역 백신 정책이 2006년부터 만 1세일 때와 초등학교 입학 전에 홍역·풍진 2종 혼합 백신을 총 2회 접종하는 방식으로 변경되었다. 이 2종 혼합 백신의 2회 접종이 시작되자 홍역 유행은 억제되었고, 2015년 3월 WHO로부터 일본에서는 홍역이 퇴치되었다는 인증을 받았다. 즉 일본에 홍역 바이러스가 없어졌다는 뜻이다.**

* 한국은 예방접종 사업을 1983년에 도입했다.

** 한국은 2014년 WHO로부터 '홍역 퇴치국' 인증을 받았다. 간헐적으로 감염 사례가 발생하고는 있지만 모두 해외 유입 사례이고 예방접종률이 95퍼센트 이상이기 때문에 그 지위가 그대로 유지되고 있다.

앞으로의 위기

세계의 많은 나라가 백신 접종을 통해 홍역을 퇴치하고자 노력하고 있지만, 홍역이 유행하는 나라는 여전히 많다. 중국과 몽골, 인도네시아 등 아시아 국가 역시 아직도 홍역이 유행하고 있다.

2016년 여름 일본 오사카의 간사이 국제공항과 대형 전시장, 공연장에서 홍역 감염자가 잇달아 발생했다는 소식이 크게 보도되었다. 또한 국제공항의 집단감염 환자가 진찰받은 종합병원에서는 진찰한 의사가 감염되어 원내 감염이 우려되는 사태까지 벌어졌다.

이 홍역 감염 사례는 홍역 감염자가 입국해 공항과 공연장 등 불특정 다수의 사람들이 모이는 장소에 방문함으로써 또다시 홍역 바이러스가 확산될 수 있다는 우려를 낳았다. 하지만 해외에서 홍역 바이러스에 노출되더라도 감염을 방어하기에 충분히 높은 수준의 홍역 면역을 지니고 있다면, 홍역이 발병해 확산되는 일은 없을 것이다.

그러나 현재 일본에는 홍역에 대한 면역이 충분하지 않은 세대의 홍역 감수성자가 약 300만 명 존재하는 것으로 추정된다. 특히 1978년부터 1990년 4월 1일 사이에 태어난 사람은 만 1세일 때 홍역 백신을 1회 정기 접종을 받았을 뿐이다. 홍역 백신으

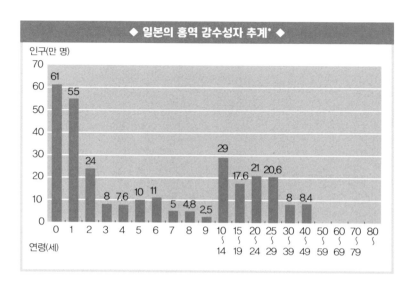

◆ 일본의 홍역 감수성자 추계* ◆

인구(만 명)

연령(세)

로 획득한 면역은 시간이 지나면 약해진다. 과거 주기적으로 홍역이 유행하던 시대에는 자신도 모르는 사이에 홍역 바이러스에 노출되어 무증상감염을 통하여 이전에 맞은 백신 접종의 면역 반응을 더 강하게 증가시킨다. 이것을 보강(부스터) 효과라고 한다.

이렇게 해서 감염의 예방 수준 이상의 면역을 유지해 온 것이다. 그러나 지금은 홍역 백신의 보급으로 홍역 유행 자체가 감소해 홍역 바이러스에 노출될 기회가 없기 때문에 보강 효과를 얻을 수 없게 되었고, 그 결과 시간이 지나면서 홍역에 대한 면역이 약해졌다. 그리고 감염 예방 수준 이하로 떨어지는 경우도 발생하고 있다.

홍역 면역의 획득

오사카부 보건의료실 의료대책과의 발표에 따르면, 간사이 국제공항에서 발생한 홍역 감염자 가운데 3분의 1에 해당하는 13명은 홍역 백신을 2회 접종했다고 한다. 그리고 이미 이야기했듯이 그중에는 환자를 진찰한 의사도 포함되어 있다. 이 때문에 2회 접종을 해도 홍역에 걸릴 수 있다는 불안감이 확산되었다.

현재까지도 감염자가 언제 두 번째 백신을 접종했는지(아주 최근에 접종한 경우는 면역을 획득하는 데 2주 정도가 걸리기 때문에 면역이 상승하지 않았을 수 있다. 또한 백신을 접종한 뒤 오랜 시간이 지나서 면역이 약해진 경우도 생각할 수 있다), 또한 어떤 증상을 보였는지(홍역 면역이 남아 있어서 경미한 증상으로 끝났는지, 아니면 본격적인 증상이 나타났는지) 등의 정보가 알려지지 않았다.

앞으로 일본에서는 홍역의 유행이 더욱더 감소할 것으로 예상된다. 즉 보강 효과는 더욱 감소할 것이다. 그러면 홍역 자연 감염이 없어서 면역 보강 효과가 없기 때문에 백신을 2회 접종하더라도 면역 수준이 빠른 속도로 떨어진다.

그러므로 앞으로는 정기적으로(예를 들어 10년마다) 홍역 백신을 추가 접종하여 감염 방어 면역을 유지해 가는 대응이 필요할 것이다. 자연 감염의 경우는 강한 홍역 면역을 획득할 수 있지만, 생백신 접종으로는 그리 강한 홍역 면역을 얻을 수 없으므로 자연 감염으로 면역된 사람보다 백신 접종자가 먼저 홍역에 걸릴 수 있다.

백신 세대인 1978년 이후에 태어난 사람들이 나이를 먹었을 때 홍역 백신을 추가 접종하지 않으면, 설령 2회 접종자라 해도 감염 예방 수준 이하로 저하될 것이다. 앞으로 홍역 면역이 저하된 상황에서 홍역 유행 국가로부터 홍역 바이러스가 유입된다면 홍역 대유행이 일어날 수 있다.

그때 백신 세대가 고령화되어 있다면 치명적이 되기 쉬운 고령자가 홍역에 걸리는 상황을 예상할 수 있다. 가장 두려운 홍역 유행 시나리오는 고령자 시설에 집단감염이 발생하는 것이다. 그럴 경우 홍역은 '수명을 결정하는 병'으로 불리던 무서운 감염병으로 되돌아갈 것이다.

앞으로 홍역 바이러스가 외국에서 유입되는 일은 일어나리라 예상된다. 홍역 퇴치 상태더라도 홍역 백신은 지속적으로 접종해야 한다.

공수병
—

모든 포유류가 감염 가능한 치명적인 감염병

사람과 동물 모두에 감염되는 감염병

공수병(광견병)은 발병하면 거의 100퍼센트 사망하는 무서운 인수(人獸) 공통 감염병이다.* 현재 일본에서는 공수병이 발생하지 않지만, 1950년 이전에는 수많은 개가 광견병에 걸렸고 사람도 그 바이러스에 감염되어 사망했다. 1949년에는 74명

---

* 한국에서 '광견병'이라 할 때는 동물에게 사용하는 수의학적 용어이며, 사람이 광견병 바이러스에 감염되어 발병한 경우는 '공수병'이라고 한다.

이 공수병으로 사망했고, 1950년에는 광견병에 걸린 개가 879마리 발견되었다. 이러한 참상에서 벗어나기 위해 1950년에 광견병 예방법이 시행되어 개 등록제와 연 1회의 광견병 백신 접종, 들개 포획과 같은 대책이 마련되었고, 그 결과 7년 만에 광견병을 박멸하는 데 성공했다.

아무리 무서운 감염병이라도 환자가 발생하지 않으면 사람의 기억에서 잊혀 간다. 공수병(광견병)이 바로 그런 경우로, '기억에서 잊힌 죽음의 감염병'인 것이다.

모든 포유류가 감염

공수병(광견병) 바이러스는 사람을 포함한 모든 포유류에 감염해서 뇌염을 일으켜 생명을 빼앗는다. 외국에서는 가령 개, 고양이, 원숭이, 스컹크, 아메리카너구리, 페럿, 여우, 박쥐 등에게 물리거나 할퀴었을 경우에도 공수병 감염을 의심해야 한다. 외국에 체류할 때 이런 방식으로 공수병 바이러스에 감염되고 나서 귀국한 뒤 발병할 위험성도 있다.

여전히 많은 국가에서 사람과 야생동물의 발병이 보고되고 있는 가운데, 최근 들어 진기한 동물을 기르는 반려동물 열풍이 불고 있어 그만큼 동물과 밀착 접촉하는 사람이 많아졌다. 일본의

◆ 공수병 발생 상황* ◆

■ 공수병 발생 지역(사망 추정 수 100명 이상)
■ 공수병 발생 지역(사망 추정 수 100명 미만)
■ 일본 후생노동성 장관이 지정한 공수병 청정 지역

* 보고가 없는 국가는 사망자 수 100명 미만인 국가로 간주

경우 동물의 수출입은 광견병 예방법과 가축 전염병 예방법에 의거해 검역이 의무화되어 있다. 그러나 동물의 밀수나 사고 등으로 공수병 바이러스가 또다시 침입할 위험성은 있다.

 광견병의 발생 상황

광견병은 일본, 뉴질랜드, 피지, 괌, 하와이, 영국, 오스트레일리아와 스칸디나비아반도의 노르웨이, 스웨덴 등 일부 국가를 제외한 전 세계 150개국에 존재한다. 대만은 광견병이 없는 국가로 알려져 왔지만 2013년 7월 광견병에 감염된 야생 족제비 오소리가 확인되었다.

WHO에 따르면 세계에서 매년 5만 5,000명 이상의 사람과 십수만 마리의 동물이 공수병(광견병)으로 죽는다. 그 대부분이 아시아 국가와 중남미, 아프리카에서 발생하고 있다. 최근에는 중국에서 광견병이 대규모로 발생해 적어도 연간 2,500명의 공수병 사망자가 발생했다. 인도는 더욱 심각해서 해마다 2만~3만 명이 공수병으로 죽는다. 젊은 사람들이 자주 찾는 발리섬이 있는 인도네시아에서도 매년 100명 이상의 감염자와 희생자가 확인되고 있으며, 그 밖에 파키스탄과 태국·베트남·필리핀·네팔 등지에서도 공수병의 유행으로 공수병 사망자가 나오고 있다. 최근에 광견병의 발생이 특히 확대되고 있는 지역은 중국, 인도, 인도네시아, 필리핀, 베트남이다.

 광견병의 감염 경로
일본에서 보고된 공수병 감염 사례는 네팔(광견병 발생지역)에서 개에게 물린 뒤 귀국한 청년(1970년)과 필리핀에서 개에게 물린 뒤 귀국한 2명(2006년)의 사례가 있다. 아시아 지역에는 자유롭게 돌아다니면서 주민들에게 먹이를 얻어먹고 사는 들개가 많다는 점에 주의해야 한다. 한국의 경우는 너구리, 중국의 경우는 너구리와 중국족제비오소리에게서 광견병이 보고되었다. 가까운 미래에 아시아에서 이런 야생동물에 의한 광견병이 문제가 될 가능성이 있다.

중남미의 광견병 발생 현황 역시 심각하여 멕시코와 엘살바도르·과테말라·페루·콜롬비아·에콰도르 등의 국가에서 유행하고 있으므로, 이 지역에서는 광견병 바이러스의 매개체가 되고 있는 동물을 조심해야 한다. 아시아의 경우는 주로 개가 감염원이지만, 중남미에서는 흡혈박쥐에게 감염되는 일이 많이 발생하고 있다. 박쥐는 흡혈·비흡혈(식충성·식과성) 모두 주의해야 할 동물로, 미국에서는 개보다 박쥐나 아메리카너구리에게서 감염될 위험성이 더 높다고 보고 있다.

유럽에서는 특히 여우가 문제이며, 북아메리카에서는 박쥐·아메리카너구리·스컹크 등이, 아프리카에서는 개·자칼·몽구스 등이 인간에게 광견병을 감염시키는 감염원이 되고 있다. 드물지만 들쥐와 같은 설치류, 토끼, 가축 등도 감염원으로 의심된다. 가축이 광견병 바이러스를 가진 야생동물에게 물려 광견병에 걸리는 피해가 발생하고 있다.

유럽과 미국의 경우, 개의 광견병은 백신 접종으로 억제할 수 있어도 야생동물의 광견병은 지속적으로 발생하고 있는 까닭에 야생동물로부터 사람 또는 백신 접종을 하지 않은 개나 고양이에게 광견병 바이러스가 전파될 위험성이 있다. 반려동물에게 광견병 바이러스가 전파되면 사람이 광견병 바이러스에 감염될 가능성이 당연히 생긴다.

야생동물의 광견병(삼림형 광견병)에 대한 대책으로는 광견병 백신을 넣은 먹이(미끼 백신)를 공중에서 목표 지역에 살포해 그것을 먹은 동물에게 면역이 생기도록 하는 방법이 실시되고 있다. 인간용과 동물용 백신의 주류는 광견병 바이러스 불활성화 백신이지만, 야생동물에 대해서는 예외적으로 약독화 생백신을 사용한다. 스위스에서는 여우의 광견병을 줄이는 데 효과를 보았으며, 프랑스와 독일에서도 사용 지역을 확대하여 실시하고 있다.

그런데 야생동물용 광견병 미끼 백신에는 난제가 있다. 단 하나의 아미노산을 변이시켜 약독화한 광견병 바이러스를 사용하기 때문에 야생동물에서 강독화 바이러스로 복귀할 위험성을 완전히 부정할 수 없다는 점이다. 앞으로는 아미노산을 이중으로 변이시켜 약독화하는 등 좀 더 안정적이면서 고도로 약독화한 백신을 개발할 필요가 있다. 아직까지 생백신 때문에 광견병에 걸린 동물은 발생하지 않았다.

감염 후 잠복에서 발병까지

감염된 동물의 침샘에서는 대량의 광견병 바이러스가 증식하기 때문에 타액에 다량의 바이러스가 들어 있다. 그리고 그 동물에게 물리면 물린 상처를 통해 바이러스가 몸속에 침입한다. 광견병 유행 지역에서는 가급적 긴팔과 긴 바지를 착용하라는 주의 사항이 있는데, 만에 하나 동물에게 물렸을 때 의류의 섬유가 침을 흡수함으로써 상처 부위에 침입하는 바이러스의 양을 감소시키는 효과를 기대할 수 있기 때문이다.

감염 동물이 눈이나 코, 입 등을 핥으면 점막을 통해서도 감염된다. 또한 동물은 앞발을 핥는 습성이 있어 바이러스가 들어 있는 침이 발톱에 묻는데, 그러한 발톱에 할퀴면 감염될 수도 있다.

광견병 바이러스에는 잘 알려져 있지 않은 감염 경로가 존재한다. 호흡기 감염이다. 미국에서 광견병이 만연한 식충성 박쥐 무리가 사는 동굴에 들어갔던 사람들이 공수병에 걸린 사례가 있는데, 그들은 박쥐에게 물린 일이 없었다. 그래서 동굴 안에 광견병 바이러스를 지닌 박쥐의 타액과 콧물, 오줌 등 바이러스를 지닌 체액 또는 배설물이 박쥐가 내는 초음파에 안개 상태가 되어서 공중을 떠돌다 동굴에 들어간 사람이 호흡할 때 바이러스가 몸속으로 들어갔을 가능성이 제기되었다. 그 후 동굴 안에서 실시된 동물 감염 실험을 통해서도 광견병의 호흡기 감염이 확인되었고, 동굴 안 공기에서 광견병 바이러스가 검출되었다.

박쥐는 앞에서 소개한 무서운 감염병의 병원체인 에볼라 바이러스와 사스 바이러스, 메르스 코로나 바이러스, 그리고 이 광견병 바이러스 등의 숙주이므로 박쥐 무리가 사는 지역에는 가까이 가지 않는 것이 좋다. 특히 공기의 흐름이 거의 없는 동굴 안에는 들어가지 않는 것이 철칙이다. 이런 박쥐가 서식하는 동굴에 드나들거나 서식처를 만드는 야생동물에게도 광견병 바이러스가 전파되었을 가능성이 있다.

이렇게 해서 공수병 바이러스가 몸속에 침입하면 신경을 따라 뇌를 향해 올라간다. 공수병 바이러스는 혈액 속에 들어가지 않기 때문에 혈액검사로는 감염 유무를 판정할 수 없다. 감염이 의심되는 동물에게 물리는 등 감염이 염려되는 경우, 일단 감염되었다고 생각하고 반드시 백신 접종이나 면역 글로불린으로 즉시 대처해야 한다. 공수병은 일단 발병하고 나면 치료 방법이 없고 거의 100퍼센트 사망하는 중대한 감염병이기 때문에 주저하지 말고 서둘러 대처해야 한다.

잠복기는 대체로 20일에서 2개월이지만 짧게는 2주, 길게는 몇 년에 이르기도 한다. 말초신경의 신경섬유에 감염된 광견병 바이러스는 하루에 수 밀리미터에서 수십 밀리미터씩 뇌를 향해 올라간다. 그러므로 물린 곳이 중추신경 조직과 가까울수록 잠복기는 짧아진다. 얼굴이나 손은 신경이 촘촘하게 둘러쳐져 있기 때문에 공수병이 발병할 확률이 높은 신체 부위다. 말초신경으로부터 중추신경 조직에 이르면 광견병 바이러스는 그곳에서 대량으로 증식한 다음 신경조직으로 확산되며, 침샘에서 대량 증식한다.

공수병으로 불리는 이유

전구기에는 바이러스가 척수에 도달해 발열과 두통, 식욕 부진, 근육통, 구토 등 감기와 비슷한 증상을 보인다. 그리고 이와 함께 물린 장소가 콕콕 찌르듯이 아프거나 가렵고 근육의 경련이 일어난다. 이와 같은 지각 과민 또는 동통이 2~10일 정도 계속되면서 점차 확산된다.

급성 신경 질환기에 접어들면 신경 증상이 심해져 지나친 흥분, 착란, 환각 등이 나타난다. 환자는 강한 불안감에 사로잡히고, 그렇지 않을 때는 의식이 또렷해지기도 한다. 발병한 사람과 동물은 인후두가 마비되어 침을 삼키지 못해(연하 장애), 그 결과 광견병 바이러스가 포함된 침을 흘리게 된다.

또한 물을 마시는 행위에 따른 자극으로 목에 경련이 일어나는데, 이때 강렬한 통증이 동반되기 때문에 물 마시는 것을 피하게 된다. 그래서 사람에서는 공수병이라고 부르는 것이다. 차가운 바람을 맞을 때 또한 똑같은 경련을 일으키기 때문에 바람도 피하게 된다(공풍증). 고열·환각·착란·마비·운동 실조 등의 증상이 나타나고 개가 멀리서 짖는 듯한 소리를 내며, 다량의 침을 흘리다가 이윽고 혼수상태에 빠져 호흡이 마비되어 죽음에 이르거나 돌연사한다(격노형).

한편 공풍·공수 증상이 나타나지 않고 마비가 주된 증상인 마비형도 공수병 환자 가운데 약 20퍼센트가 되며, 이 경우는 공수병으로 진단되지 않기도 한다.

예방책

광견병 발생·유행 지역에 갈 때에는 다음과 같은 점에 주의하며 행동하는 것이 중요하다.

● **동물(야생동물 포함)을 만지거나 먹이를 주지 않는다.**

무의식적으로라도 손을 내밀어 만지거나 손으로 먹이를 주는 행위는 절대 금물이다. 애완동물이라 해도 삼간다.

● **동물에게 가까이 다가가지 않는다.**

발병 동물은 매우 민감해서 눈앞에 있는 것을 전부 물어뜯을 것 같은 행동을 한다. 비정상적인 행동을 하거나 이상한 소리를 내는 등 흥분 상태에 있는 개나 동물을 발견했다면, 그 동물과 서서히 거리를 벌리고 어떻게든 벗어나야 한다. 또한 마비형일 수도 있으므로 상태가 좋아 보이지 않는 동물은 만져서는 안 된다.

 만약 동물에게 물렸다면?

광견병의 위험성이 있는 동물에게 물리거나 할퀴었을 경우에는 이렇게 대처하자.

① 상처는 즉시 비누로 닦은 다음 흐르는 물로 15분 이상 씻어낸다.

② 지혈은 하지 않는다. 이때 상처를 혀로 핥거나 입으로 빨아서는 안 된다. 점막을 통해 바이러스가 감염될 위험성이 있다.

③ 70퍼센트 알코올이나 포비돈아이오딘(소위 빨간약)으로 소독한다.

④ 즉시 현지의 의료 기관을 찾아가 진찰을 받는다. 외국에 있다 하더라도 귀국을 기다리지 말고 반드시 곧바로 현지의 의료 기관을 찾아가서 이하의 치료를 시작해야 한다.

⑤ 의사는 WHO의 기준에 따라 백신의 필요성을 판단한다.

발병하면 생명을 잃는 매우 위험한 감염병이므로, 어른이든 아이든 임산부든 주저하지 말고 백신 접종 또는 가능하다면 공수병 면역 항체를 접종한다.

반드시 현지의 대형 병원을 찾아가서 치료를 받은 다음 귀국하는 것이 중요하다. 또한 귀국할 때는 검역소에 신고하고 검역관(의사)에게 앞으로 어떻게 치료를 해야 하는지 문의한다. 개의 광견병 백신 접종률을 높이기가 어려운 아시아의 일부 나라에서는, 개의 광견병 대책을 세우기보다 개에게 물리는 등 사람이 공수병 바이러스에 노출되었을 때 발병을 예방하는 데에 힘을 쏟음으로써 희생자 수를 줄이는 방법을 취하는 경우가 많다. 그러니 망설이지 말고 재빨리 대처하도록 한다.

외국에 나가기 전에

광견병 발생 지역이면서 근처에 적절한 의료 기관이 없는 곳에서 장기간 체류해야 한다면, 출국하기 전에 광견병 백신 접종을 받을 것을 권한다. 4주 간격으로 2회 접종하고 6~12개월 뒤에 추가 접종을 실시한다.

나는 국립 감염증 연구소에서 근무하던 시절에는 필리핀 등 아시아 국가로 출장을 다녔기 때문에 공수병 백신을 예방적으로 접종했다. 그리고 일본에서 광견병의 임상과 연구에 관한 권위자인 은사님에게 '뭔가 행동이 이상하다 싶은 개가 있으면 일단 도망칠 것, 가까이 가지 말 것'이라는 조언을 받았다. 그로부터 20년 가까운 시간이 흐른 지금, 이 글을 쓰면서 은사님이 설명했던 광견병이라는 감염병의 무서움과 예방 백신 접종의 중요성을 새삼 실감하고 있다.

현재 우리 주변에는 광견병을 진단해 본 의사나 수의사가 많지 않기 때문에 제대로 진단하지 못할 가능성도 있다. 외국에서 광견병의 위험이 있는 동물에게 물리고 귀국한 뒤 발병한 환자가 있더라도 원인 불명의 뇌염이나 신경 질환, 약물중독 등으로 오진될 수 있다는 뜻이다. 애당초 진단의 항목에 광견병이 포함되지 않을 수도 있다.

일본의 경우 광견병 방역에 필요한 개의 백신 항체 양성률이 70~80퍼센트라고 하는데, 미등록된 개를 포함해 생각하면 일본의 광견병 백신 접종률은 현재 40퍼센트 정도로 낮은 수치를 보인다. 이런 상황을 감안했을 때, 가장 무서운 감염병이라 해도 과언이 아닌 공수병(광견병)에 대한 대책을 다시 한 번 점검해 보아야 하지 않을까 생각한다.

제4장
—
주변에 흔히 존재하는 감염병

풍진
—
태아에게 선천성 장애를
안겨 주는 무서운 바이러스

풍진이란?

임산부가 풍진에 걸리면 뱃속의 태아도 감염되어 선천성 장애를 안고 태어날 위험이 있다. 일본에서는 몇 년 전에 풍진이 유행해 이 선천성 풍진 증후군이 커다란 문제가 된 적이 있다.

풍진은 풍진 바이러스가 병원체인 감염병이다. 가벼운 발열과 함께 귀 뒤쪽부터 온몸에 분홍빛 발진이 퍼지는데, 발진은 사흘 정도면 낫는다. 감염되었지만 증상이 나타나지 않는 사람이 15~30퍼센트 정도 있으며, 아주 드물게 뇌염 같은 합병증을 일으키지만 대부분은 예후가 좋은 가벼운 병이다. 풍진 바이러스가 들어 있는 감염자의 침이나 콧물 등을 가까이에서 들이마시는 비말 감염이나 바이러스가 묻은 손가락으로 입이나 코를 만지는 행위를 통해서 전염된다.

과거에는 풍진을 어린아이가 걸리는 가벼운 병으로 생각했으나, 사실 풍진은 임신 초기의 여성이 걸리면 풍진 바이러스가 태아에게 감염되어 유산 또는 사산되거나 태아에게 장애를 일으키기도 하는 무서운 감염병이다. 그리고 아기가 난청이나 백내장·심장 기형 등의 장애를 안고 태어나기도 하는데, 이것을 선천성 풍진 증후군이라고 부른다. 선천성 풍진 증후군이야말로 풍진 바이러스가 일으키는 가장 큰 문제이며 풍진이 무서운 감염병인 이유다.

주된 환자는 성인

앞에서 말했듯이 예전에는 풍진이 아이들 사이에서 유행했다. 그러나 최근 들어 일본에서는 어른을 중심으로 유행하고 있다. 2012~2013년에 풍진이 크게 유행한 적이 있는데 이때 환자 대부분이 성인이었다.

풍진에는 감염을 예방해 주는 풍진 백신이 있지만, 일본에는 과거의 백신 정책의 영향으로 연령에 따라 백신을 접종하지 않은 특정 세대와 성별에 따른 차이가 있다. 또한 백신 접종 대상이었으나 접종하지 않아 면역이 없는 사람도 많다. 이처럼 풍진에 대한 면역이 없는 사람들을 중심으로 유행이 일어난 것이다. 풍진 백신은 1회 접종으로는 충분한 면역을 획득할 수 없어, 일본의 경우 백신의 효과를 높이기 위해 2006년 4월 1일부터 만 1세일 때와 초등학교 입학 전 총 2회에 걸쳐 백신 접종을 실시하고 있다.*

임산부가 감염되면?

이미 언급했지만, 일본에서는 풍진에 대한 면역이 충분치 않은 20~40대 성인을 중심으로 2012~2013년에 풍진이 크게 유행했다. 그리고 선천성 풍진 증후군으로 장애를 안고 태어난 아기가 45명 보고되었다.

2014년 도쿄도 내의 2만 명을 대상으로 풍진 항체 검사를 실시했는데 그 결과 약 30퍼센트가, 특히 20대 여성은 약 40퍼센트

---

* 한국은 2014년부터 국가 예방접종 지원사업으로 생후 12~15개월과 만 4~6세 유아에게 2회 무료 접종을 실시하고 있다. 또한 WHO로부터 2017년 풍진 퇴치국으로 인정받았고 매년 20명 미만의 환자가 발생하고 있다.

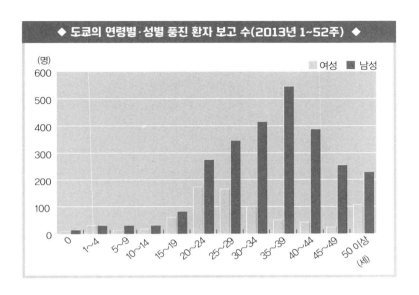

◆ 도쿄의 연령별·성별 풍진 환자 보고 수(2013년 1~52주) ◆

(명)

여성 ■ 남성

600
500
400
300
200
100
0

0 1~4 5~9 10~14 15~19 20~24 25~29 30~34 35~39 40~44 45~49 50 이상
(세)

가 풍진에 대한 충분한 내성(감염 방어에 필요한 면역)을 가지고 있지 않을 가능성이 제기되었다. 한편 2012년도에 실시된 후생노동성의 감염병 유행 예측 조사에서는 1~49세의 사람 중 풍진에 대한 면역이 없는 사람이 618만 명(남성 476만 명, 여성 142만 명)으로 추산되었다. 이 가운데 성인은 475만 명이다.

이처럼 현재 일본에서 풍진은 성인이 주의해야 하는 감염병이다. 풍진에 대한 면역이 충분하지 않은 사람들이 많은 까닭에 앞으로 풍진이 유행할 가능성이 있다. 풍진이 유행하는 외국에서 관광객이 풍진 바이러스를 가져와 발생하는 상황도 예상된다. 그리고 풍진이 유행하면 임산부가 감염될 수 있고, 그런 경우 아기가 선천성 풍진 증후군으로 장애를 안고 태어날 위험성이 있다.

태반을 통해 태아가 감염

임산부가 풍진에 걸렸다고 모든 아기에게 선천성 풍진 증후군이 생기는 것은 아니다. 임신 중 어느 시기에 풍진에 걸렸는지가 중요하다. 임신 초기는 태아의 각종 장기가 만들어지는 시기로, 태아의 세포가 활발하게 분열하며 기관이 형성된다. 이런 중요한 시기에 임산부가 풍진에 감염되면 풍진 바이러스는 임산부와 태아 사이에 있는 태반에도 감염되며, 태반에서 태아에게로 바이러스가 이동해 태아의 몸속에서 장기간에 걸쳐 지속적으로 증식한다. 바이러스의 '지속 감염'은 세포 분열을 늦추고 감염된 세포를 파괴하는 등 악영향을 미쳐 태아의 장기 형성에 지장을 초래할 위험이 있다. 그런 까닭에 임신 초기일수록 선천성 이상이 발생하는 빈도가 높아지고 증상도 심하게 나타난다.

임신 3개월까지의 임산부가 풍진 바이러스에 감염되면 아기가 백내장, 심장병, 난청 가운데 2가지 이상을 갖고 태어날 수 있다. 난청은 선천성 풍진 증후군 가운데 가장 빈도가 높으며, 또한 이 증상만 나타나는 경우도 많다. 난청은 임신 5개월까지의 감염과 관련이 있다.

임신 1개월에 풍진에 걸린 경우에는 50퍼센트 이상, 2개월에는 35퍼센트, 3개월에는 18퍼센트, 4개월에는 8퍼센트의 확률로 선천성 풍진 증후군을 가진 아기가 태어난다는 연구 결과가 있다. 임신 6개월을 넘기면 임산부가 풍진 바이러스에 감염되더라도 선천성 풍진 증후군이 거의 발생하지 않는다.

이처럼 풍진 바이러스에 감염되었다고 해서 반드시 아기에게 장애가 생기는 것은 아니다. 그러나 풍진이 크게 유행하는 해에는 임신중절 수술 건수가 증가한다. 풍진을 앓은 임산부가 선천성 풍진 증후군을 두려워해 중절하는 사례가 다수 발생하는 것으로 생각된다. 이와 같이 선천성 풍진 증후군의 발생과 임신중절이라는 비극을 초래하는 것이 풍진이라는 무서운 감염병의 본질이다.

선천성 풍진 증후군을 예방하려면?

풍진 백신은 부작용이 적은 안전한 백신이다. 이 풍진 백신을 접종하면 풍진 바이러스의 감염을 방지해 선천성 풍진 증후군을 예방할 수 있다. 만약 임신을 하려는 사람이 풍진 백신을 맞았는지 기억이 나지 않거나 풍진에 걸린 적이 있는지 확실치 않을 때에는 먼저 풍진의 항체 검사를 실시하여 면역이 불충분하다면 임신 전에 미리 백신을 접종하는 것이 좋다.

과거에 한 차례 백신을 접종했더라도 시간이 지나면 항체가 감소하므로 백신 접종이 필요하다. 또한 1회 접종으로는 항체가 충분히 유도되지 않는 사람도 5퍼센트 정도 있다. 전에 풍진에 걸렸다는 기억이 틀린 경우도 많으며, 비슷한 발진이 생기는 사과병(전염성 홍반)이나 홍역 같은 다른 병에 걸렸던 기억을 보호자가 혼동하는 경우도 있다.

풍진 백신은 생백신인 까닭에 만에 하나라도 태아에게 감염이 일어날 가능성을 부정할 수 없으므로 임산부는 풍진 백신을 접종할 수 없다. 풍진 백신을 접종하려 한다면 홍역도 예방할 수 있는 홍역·풍진 혼합 백신(MR 백신)을 맞을 것을 권한다.

가임 여성뿐 아니라 남성도 풍진에 걸리거나 풍진을 옮기지 않도록 충분한 면역을 갖는 것이 중요하다. 풍진 감수성자를 줄여 풍진이 유행하지 않는 사회를 만드는 것이 앞으로 태어날 아이들을 선천성 풍진 증후군이라는 무서운 감염병으로부터 보호하는 길이다.

머릿니

엄청난 증식력으로 전 세계에서 만연

몸니 · 사면발니 · 머릿니

머릿니는 머리에 기생하는 이다. 지금도 어린이집과 유치원을 중심으로 집단 발생하며, 12세 이하의 어린이에게서 많이 발견된다. 선진국이냐 개발도상국이냐에 상관없이, 또 위생 상태에 상관없이 발생한다. 전 세계적으로 만연하고 있으며, 최근 일본에서는 증가 추세이기 때문에 집에 어린아이가 있다면 골치 아픈 감염병이다.*

대학에서 학교 감염병을 가르치고 있다 보니 나는 어린이집이

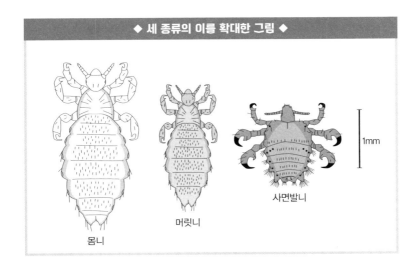

◆ 세 종류의 이를 확대한 그림 ◆

1mm

사면발니

머릿니

몸니

나 유치원, 초등학교의 교사와 보건 교사로부터 종종 감염병 대책에 관한 문의를 받곤 한다. 머릿니의 발생과 그 대책에 관해서는 어린이집과 유치원 같은 보육 시설에서 특히 많은 상담을 해온다. 또한 "아이가 어린이집에서 옮아 온 머릿니를 없애느라 고생했던 게 아이를 키우면서 제일 힘든 일이었어요"라고 이야기하는 아이 엄마들이 있는 것을 보면 가정에서도 골머리를 앓고 있음을 짐작할 수 있다.

이에는 여러 종류가 있다. 옷에 달라붙는 이는 몸니로, 속옷이

* 이는 한국에서도 마찬가지 상황이다.

나 옷에서 살다가 피를 빨 때만 사람의 피부로 이동하며 발진티 푸스나 재귀열 등의 감염병을 매개한다.

음모 등(때로는 겨드랑이 털이나 수염에도)에 감염되는 것은 사면 발니로 성 매개 감염병이다. 사면발니에 감염되면 음부에 심한 가려움을 느끼게 된다. 무서운 사실이지만 양변기를 통해서 옮기 도 한다.

몸니와 사면발니는 머리카락에 달라붙는 머릿니와는 다르다. 머릿니는 암컷이 2~4밀리미터, 수컷이 2밀리미터 정도여서 육 안으로 확인할 수 있다. 원래 회백색이지만 피를 빨면 거무스름 해진다. 피를 빨린 부분에 가려움증을 느껴 긁으면 그 상처를 통 해 세균의 2차 감염이 일어날 수 있다. 머릿니는 증식력이 무시 무시해 머리카락 속에서 엄청난 수로 증식한다.

머릿니는 어떻게 해서 옮을까?

머릿니가 달라붙어 있는 머리와의 직접 접촉을 통해서 옮는다. 어린이집의 낮잠 시간에는 머리가 접촉하기 쉬운 상태가 된다. 또한 놀이를 하면서 얼굴을 가까이 가져가거나 머리를 맞 대기도 한다. 모자나 머플러, 옷이나 빗을 같이 써서 감염되기도 하고 침구에서 감염되기도 한다.

그러므로 일단 아이가 감염되면 가족에게도 머릿니가 옮을 가능성이 크기 때문에 아이만의 문제가 아니게 된다. 또한 버스나 지하철의 등받이에서 감염된 사례가 있는 것을 보면, 감염 위험성은 매우 가까이 있어 일상 속에서 얼마든지 머릿니에 감염될 수 있다.

머릿니는 유충부터 성충까지 모두 피를 빨며 하루에 3~4개의 알을 낳는다. 1개월 동안 약 100개의 알을 낳는 셈이다. 알은 일주일 정도 지나면 부화하며, 유충은 흡혈을 반복하면서 약 2주 만에 성충이 되고 그 성충이 다시 알을 낳는다. 이렇다 보니 엄청난 기세로 수가 불어난다. 그 결과 감염 초기에는 눈치 채지 못하다가 머리에 엄청난 수의 알이 마치 비듬처럼 달라붙어 있는 것을 발견하게 되는 경우가 많다. 그 밖에 아이가 머리가 가렵다고 말하거나 자꾸 긁는 모습을 보고 알게 되기도 한다.

퇴치의 핵심은 꾸준한 반복

머릿니에 감염된 사람의 머리를 확대경으로 들여다보면 머리카락에 붙어 있는 하얀 덩어리를 확인할 수 있는데, 그것이 머릿니의 알이다. 비듬처럼 보이지만 비듬과 달리 좀처럼 떨어지지 않는다. 눈에 힘을 주고 들여다보면서 물리적으로 떼어

내야 한다.

다른 방법으로는 피레스로이드계 살충제 파우더를 머리카락에 뿌리고 샤워캡을 쓴 채 몇 분 동안 두었다가 머리를 감아 머릿니를 퇴치하는 방법이 있다. 샴푸형 제품도 있다. 이것을 3일에 한 번씩 3~4회 실시한다. 실제로는 머릿니가 전부 없어질 때까지 계속 반복해야 한다. 간단한 일이지만, 완전히 퇴치하기가 쉽지 않고 기껏 없어졌다 싶어도 어린이집이나 학교에서 다시 감염되어 오는 일이 심심찮게 있어서, 끈기와 노력이 필요한 고된 작업이다.

이불이나 베개 등의 침구에도 달라붙어 있을 가능성이 크기 때문에 이불은 두들긴 다음 햇볕에 말리고 자주 세탁해야 한다. 감염자가 사용한 옷과 수건은 60도 이상의 뜨거운 물에 5분 이상 담가서 이와 알을 죽인 다음 세탁한다. 다만 겨울에는 물이 금방 식어서 이가 살아남을 수가 있으니 주의해야 한다. 그리고 실내에 떨어진 이를 퇴치하기 위해 청소기를 꼼꼼하게 돌릴 필요가 있다. 이를 완전히 박멸하기까지 이 작업을 몇 번이고 되풀이해야 한다.

이는 매우 쉽게 전파되기 때문에 집 안에서 다른 가족에게 옮는 경우가 자주 있다. 그러므로 가족 모두가 동시에 이를 퇴치하는 것이 중요하다. 그뿐 아니라 이가 발생한 유치원, 학교에서는 보호자에게 알림을 보내 일제히 퇴치 작업을 해야 한다.

이런 노력에도 불구하고 구성원 전원의 이해와 협력을 얻기가 쉽지 않기 때문에 완전히 퇴치되지 않은 머릿니가 다시 감염원이 되어서 유행이 장기화되는 일이 있다.

머릿니는 증식 중

내 강의를 듣는 학생들은 '학교의 감염병 대책'을 공부한다. 매년 12명 정도의 학생과 같이 수업을 진행하는데, 학생들 대부분은 졸업 후 어린이집이나 유치원, 초등학교의 교사가 된다.

한번은 한 졸업생이 연구실에 찾아와 "머릿니 때문에 정말 힘들었어요"라고 말했다. 그 졸업생은 낮잠 시간에 아이들과 함께 자다가 머릿니에 감염되었는데, 피레스로이드계 살충제 파우더와 빗을 이용해 이를 퇴치하는 동안 머리카락이 손상된 데다가 머리가 길어서 더 힘든 바람에 결국 잘라 버렸다는 것이다. 그러고는 내가 '응? 머리를 짧게 잘랐다고?' 하고 물어볼 틈도 없이 가발을 벗으며 눈물을 뚝뚝 흘렸다. 짧은 머리가 잘 어울린다고 위로했지만 그 후에도 머릿니의 유행이 반복되고 있다고 한다. 머릿니를 박멸하느라 고생한 아이 엄마 이야기가 새삼 떠오른다.

머릿니는 위생 상태를 보여 주는 지표가 아니다. 따라서 선진국에서도 일어날 수 있고 심지어 증가하고 있다. 가장 무서운 점은 현재 머릿니의 퇴치에 사용되는 파우더와 샴푸에 들어 있는 살충제가 듣지 않는 머릿니가 출현했다는 것이다. 이제 약제 내성을 가진 머릿니가 큰 문제가 되고 있다.

중증열성혈소판감소증후군

야외에서 주의해야 할 높은 치사율의 감염병

중국에서 발견된 감염병

최근 들어 참진드기가 매개하는 '중증열성혈소판감소증후군'이라는 새로운 감염병이 일본에서 발생해 해마다 적지 않은 사망자를 내고 있다. 2013년 3월부터 2016년 11월까지 보고된 일본 감염자의 수는 226명이며, 그중 52명이 사망했다. 그러나 실제로는 진단되지 않은 감염 사례가 많을 것으로 생각된다.

이 감염병은 중국에서 발견되었다. 2009년 허난성과 후베이성 등지에서 고열과 구토, 설사 증상과 함께 혈소판이나 림프구가

◆ 참진드기를 확대한 모습 ◆

감소하는 원인 불명의 질환이 다발했다. 그 후 2011년에 중국의
연구자들이 병원체인 중증열성혈소판감소증후군 바이러스를 발
견했고, 이 바이러스가 일으키는 병을 중증열성혈소판감소증후
군(Severe Fever with Thrombocytopenia Syndrome. 이하 SFTS)이라
고 명명했다.

중국에서는 연간 1,000명 이상의 감염자가 발생하고 있고, 한
국에서도 연간 수십 명의 감염자가 보고되고 있다.* SFTS 바이러
스는 참진드기를 숙주로 삼으며, SFTS 바이러스를 지니고 있는

---

* 한국의 경우 2020년에는 7월 18일 현재 79명이 발생했다.

진드기에게 물려서 감염된다. 이것이 주된 감염 경로이지만, 감염된 사람의 혈액이나 기관 분비물을 통해 집 또는 의료 기관 내에서 다른 사람에게 감염된 사례도 여러 차례 보고되었다.

환자 대부분은 60대 이상

2013년 1월 일본에서 첫 SFTS 환자가 보고되었는데, 이미 2012년에도 환자가 발생했다는 사실이 밝혀졌다. 조사 결과 가장 오래된 SFTS 환자는 2005년에 발생했으며, 그전에도 발생했을 것으로 생각된다. 그 후 서일본을 중심으로 SFTS 바이러스에 감염된 환자가 발생했다. 2016년 11월 현재의 감염자 수는 200명이 넘으며, 치사율은 25퍼센트에 이른다.[*]

환자 대부분은 60대 이상으로, 참진드기에게 물릴 가능성이 높은 논밭이나 산에서 일하는 사람들의 고령화가 그 배경이 되고 있는 것으로 밝혀졌다. 건강한 사람을 대상으로 조사한 결과에 따르면, SFTS에 걸렸다가 회복한 경험이 있는 사람을 제외하고는 SFTS 바이러스에 대한 항체를 가지고 있지 않았다. 따라서

---

[*] 한국에서도 2013년에 최초로 SFTS 환자가 발생하여 2013~2019년까지 1,089명의 감염자가 발생하여 215명이 사망했다. 2020년에는 7월 18일 현재 79명의 환자가 발생하고 있어 해마다 환자가 증가하고 있는 추세이다.

SFTS 바이러스에 감염되면 대부분이 발병하며 상당수가 중증으로 발전한다.

또한 일본의 감염자에게서 검출된 SFTS 바이러스는 중국의 바이러스와는 유전적으로 다른 것이라는 사실이 밝혀졌다. 이에 따라 본래 일본에도 SFTS 바이러스가 존재했을 것으로 추정된다. 지역별로 참진드기의 SFTS 바이러스 보유 여부를 조사한 결과, 감염자의 발생이 확인된 8개 지역뿐 아니라 감염자가 보고되지 않은 15개 지역에서도 SFTS 바이러스가 확인되었다. 즉 SFTS 바이러스를 가진 참진드기는 일본 전국에 널리 분포하고 있는 것으로 보인다.

이것은 일본의 어느 지역에서든 SFTS 바이러스에 감염될 위험성이 있으며 SFTS가 발생할 가능성이 있다는 뜻이다. 실제로는 감염 환자가 SFTS가 아닌 다른 병명으로 진단받은 채 중증으로 발전하여 사망한 사례가 적지 않을 것으로 추측된다.

참진드기가 바이러스를 매개하기까지

참진드기는 식품에 발생하는 가루진드기류나 침구에 발생해서 집먼지의 원인으로도 여겨지는 집먼지진드기와는 다른 종류로, 야외의 풀밭이나 숲에서 동물의 피를 빨아먹고 살아

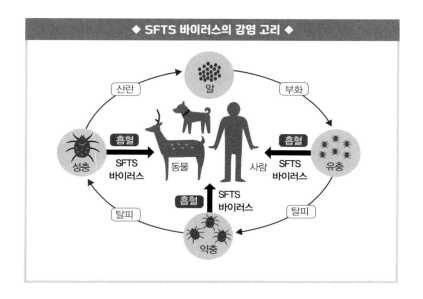

◆ SFTS 바이러스의 감염 고리 ◆

산란 / 알 / 부화

흡혈 / SFTS 바이러스 / 성충 / 동물 / 사람 / 흡혈 / SFTS 바이러스 / 유충

흡혈 / SFTS 바이러스 / 약충

탈피

탈피

간다. 참진드기에는 몇 종류가 있으며 일본에서 SFTS 바이러스의 매개체가 되고 있는 것은 작은소참진드기와 뭉뚝참진드기, 꼬리소참진드기, 피참진드기속으로 알려졌다.*

이들은 유충, 약충, 성충의 각 단계에서 동물의 피를 빨아먹으며 살아간다. 유충과 약충은 탈피와 성장을 위해서 피를 빨지만, 성충의 암컷은 산란을 위해서 무려 체중의 1,000배가 넘는 피를 빨아야 한다. 피를 빨아서 잔뜩 부풀어 오른 암컷 참진드기는 지

---

* 일본뿐 아니라 한국도 전국에서 발생하고 있는데, 한국에서는 작은소참드기가 매개 곤충으로 알려져 있다.

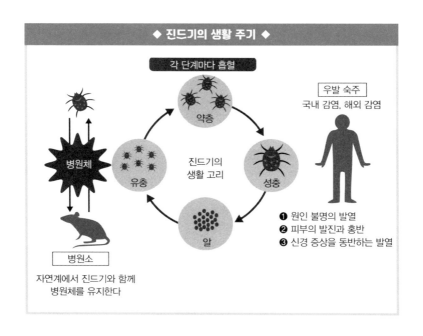

◆ 진드기의 생활 주기 ◆

각 단계마다 흡혈

약충

성충

알

유충

진드기의
생활 고리

병원체

병원소
자연계에서 진드기와 함께
병원체를 유지한다

우발 숙주
국내 감염, 해외 감염

❶ 원인 불명의 발열
❷ 피부의 발진과 홍반
❸ 신경 증상을 동반하는 발열

상으로 떨어져 2,000개가 넘는 알을 낳고 짧은 생을 마감한다. SFTS 바이러스는 참진드기가 각 단계에서 피를 빨 때 동물에게 침입해 감염을 일으킨다.

자연계의 SFTS 바이러스는 이와 같은 식으로 참진드기와 야생 동물간 감염의 순환이 유지된다. 그런데 야생동물이 사는 지역에 사람이 들어갔다가 우연히 이 바이러스를 가진 참진드기에게 물리는 경우가 있다. 이때 SFTS 바이러스가 사람에게 감염되는 것이다.

참진드기는 집의 뒷마당이나 논두렁, 밭두렁의 풀에 있을 수도 있다. 풀밭이나 야산은 특히 주의해야 한다. 1년 중 아무 때나 참진드기에 물릴 위험이 있지만, 봄부터 가을은 참진드기가 매우 활발하게 활동하는 시기이므로 물리지 않기 위한 대책을 적극적으로 세워야 한다. 하이킹이나 바비큐 파티를 하다가 참진드기에게 물린 사례가 다수 보고되고 있다. 또한 참진드기에게 물렸을 때뿐 아니라 참진드기를 잡아서 손으로 터트렸을 때 나온 체액을 통해 감염될 가능성이 있으니 주의가 필요하다. 참진드기는 SFTS뿐 아니라 일본홍반열 같은 무서운 감염병의 매개체이기도 하니 조심해야 한다.

참진드기에게 물린 때에는 최대한 빨리 의료 기관을 찾아가서 처치를 받도록 한다. 의료 기관을 찾아갈 수 없는 상황일 때는 백색 바셀린이 참진드기를 제거한다는 보고가 있으니 사용해 보도록 한다. 또한 참진드기에게 물린 뒤 발열 등의 증상이 나타나면 반드시 신속하게 의료 기관을 찾아가 진찰을 받아야 한다.

SFTS의 백신은 아직 개발되지 않았으며, SFTS 바이러스에 효과적인 약도 없다. 치사율이 높은 무서운 감염병이니 야외 활동을 할 때 참진드기에게 물리지 않도록 대책을 마련하는 것이 무엇보다 중요하다.

노로바이러스 감염증

인간을 숙주로 삼고 변이를 일으키는 현대병

🦠 발생하면 집단감염

2015년과 2016년 일본 각지에서 노로바이러스의 집단 감염이 다수 발생했다. 나는 그때 '신종' 노로바이러스가 발생해 크게 유행할 거라는데 어떤 바이러스냐고 묻는 신문, 텔레비전 기자들의 연락을 많이 받았다.

노로바이러스는 사람에게 감염해 구토나 설사와 같은 급성 위장염 증상을 일으킨다. 학교, 사회복지 시설, 음식점 등에서 집단 감염이 발생했다는 보고가 많으며 겨울철에 정점을 보이는 주의해야 할 감염증이다.

노로바이러스에는 유전자의 분류에 따라 GI·GII·GIII·GIV·GV의 다섯 종류가 있으며, 각각의 바이러스형은 또다시 세분화된다. 가령 2004년에는 GII.4가, 2015년에는 GII.17이라는 노로바이러스가 유행했다.

사람은 한 번 감염되었던 바이러스에 대해서는 몸속에 항체가 생겨 다음에 같은 바이러스에 노출되더라도 쉽게 감염되거나 발병하지 않게 되며, 설령 발병하더라도 가벼운 증상에 그치는 경우가 많다. 바이러스 입장에서 보면, 매년 같은 유형의 바이러스가 유행하면 결국 많은 사람이 면역을 갖게 되어 유행시킬 수 없는 곤란한 상황이 된다. 일반적으로 바이러스는 살아 있는 세포에 감염해야 자손 바이러스를 만들 수 있기 때문에, 더 이상 유행하지 않게 되면 그 바이러스는 대가 끊기고 만다.

노로바이러스의 숙주는 굴이 아니라 인간이다. 그래서 노로바이러스는 인간 사이에서 유행을 반복하는 가운데 유전자에 변이를 일으켜 변화해 간다. 인간은 변화한 바이러스에 대해서는 면역을 지니고 있지 않으므로, 그런 바이러스가 나타나면 유행의 규모가 확대되고 증상이 심해질 수 있다. 최근에 유행하고 있는 노로바이러스는 전부 GII 그룹 내 일부 유전자 변이만 관찰된 수준이기 때문에 '신종 바이러스'라는 표현은 조금 과장된 측면이 있다.

2017년 1월 현재 노로바이러스가 원인이 된 전염성 위장염의 집단감염 사례가 잇달아 보고되고 있고, 검출된 노로바이러스의 약 80퍼센트가 GII.2이다. 이 유형의 바이러스는 2009~2012년에 유행한 뒤 최근 몇 년 동안에는 거의 검출되지 않았다. 다시 말하면 2012년 이후에 태어난 아이들을 중심으로 유행하기 쉬운 상황이 갖추어진 것이다.

알코올 소독은 거의 효과가 없다

소형 구형 바이러스인 노로바이러스는 칼리시 바이러스과에 속한다. '칼리시'는 라틴어로 '컵'이라는 뜻인데, 전자현미경으로 보았을 때 바이러스의 표면에 컵처럼 우묵한 곳이 있다고 해서 이런 이름이 붙었다.

노로바이러스 감염증은 사계절 내내 발생하지만, 치료약과 백신 모두 개발되어 있지 않다. 인간에게만 감염되는 까닭에 동물 실험 모델도 없고, 바이러스 배양 수단이 없어 치료제와 백신 개발에 걸림돌이 된다.

노로바이러스가 입을 통해 체내에 들어가면 약 12~48시간의 잠복기를 거쳐 구역질이나 구토, 설사와 같은 증상을 일으킨다.

대부분 며칠이 지나면 낫지만, 영유아나 고령자는 탈수 증상이 나타나거나 구토물이 목에 걸려 질식할 수 있기 때문에 주의해야 한다. 구역질이 나서 누울 때는 반드시 몸을 옆으로 뉘여 구토물이 목구멍을 막지 않도록 하는 것이 매우 중요하다.

구토물 1그램에는 100만 개, 변 1그램에는 1억 개가 넘는 노로바이러스가 있는데, 몸속에 수십 개만 들어가도 감염될 수 있다. 그래서 구토물을 처리하거나 화장실에 다녀온 뒤, 식사를 하기 전에는 손을 깨끗하게 씻는 습관을 들이는 것이 매우 중요하다.

한편 노로바이러스는 알코올 소독이 거의 효과가 없기 때문에 염소계 표백제(하이포아염소산나트륨)로 소독해야 한다. 또한 구토물이 말라붙으면 먼지와 함께 노로바이러스가 공중을 떠도는데, 만약 그것을 들이마시면 감염될 수도 있으므로 마르기 전에 즉시 처리해야 한다. 아울러 충분한 소독을 하지 않으면 노로바이러스는 며칠 이상 감염성을 유지한 채 존재한다. 실제로 청소기에 빨려 들어갔다가 배기구를 통해서 공중에 퍼진 바이러스를 사람들이 들이마셔서 집단감염이 발생한 사례가 있다.

더욱 골치 아픈 점은 회복되더라도 일주일에서 1개월이라는 제법 긴 시간 동안 노로바이러스가 변을 통해 계속 배설된다는 사실이다. 자각 증상이 없어지면 변을 본 뒤에 손을 깨끗이 씻는 등의 예방 조치에 대한 의식이 느슨해지는데, 아주 소량의 바이러스로도 감염될 수 있는 노로바이러스의 특성상 이것이 큰 문제가 될 수 있다.

노로바이러스에 감염된 사람이 손을 깨끗이 씻지 않고 요리한 음식을 통해 감염되기도 한다. 2016년 12월 도쿄의 고급 레스토랑에서 노로바이러스의 집단감염이 발생해 크게 보도된 적이 있다. 이때 요리를 담당한 조리사의 변에서 노로바이러스가 검출되었다.

위험한 감염원은 구토물과 변

영국 리즈대학교의 연구자들이 보고한 바에 따르면, 배변 후에 변기의 뚜껑을 덮지 않고 물을 내릴 경우 노로바이러스 등의 미생물이 공기 중에 퍼져서 사람에게 감염될 가능성이 있다고 한다. 변기 위 약 25센티미터까지 미생물이 날아올라 90분가량 부유한다는 사실이 증명되었다. 그러므로 물을 내리기 전에는 변기의 뚜껑을 덮는 것이 중요하다.

흔히 노로바이러스라고 하면 굴이 주된 원인이라는 인식이 있는데, 실질적으로 가장 위험한 감염원은 감염자의 구토물과 변이다. 그것이 사람에게서 사람에게 전파되어 유행이 일어나는 것이다. 이를테면 불특정 다수가 이용하는 지하철역의 화장실은 항상 사람들로 붐비고 환기도 잘되지 않는다. 변기 뚜껑이 없는 경우조차 있는 데다가 물을 아끼기 위해서인지 변을 흘려보내는 물의 양은 적다. 또 손을 씻기보다 물만 묻히는 수준에 그치는 사람이 많다. 이렇게 손을 충분히 씻지 않은 채 핸드 드라이어로 말리면 미처 씻기지 않은 노로바이러스 등의 병원체가 물방울과 함께 날아가 공기 중에 떠돌지 않을까 우려된다.

보기 좋게 디자인된 화장실도 좋지만, 감염병 대책이라는 관점에서 보면 환기 설비와 충분한 수량의 수도, 액체 비누 등을 충실히 갖추고, 노로바이러스에도 효과적이도록 변기와 손잡이를 자주 소독하는 등 청소 시스템을 갖추는 것이 선결 과제다.

노로바이러스는 현대병으로도 불린다. 병원체와 사람뿐 아니라 유행이 일어나기 쉬운 환경이 존재할 때 노로바이러스 감염증이 유행한다는 사실을 명심해야 할 것이다.

장출혈성대장균감염증

후유증으로 20년 후에도
사망하는 무서운 감염병

식중독의 발생

2016년 겨울 냉동한 다진 고기 튀김이 원인이 되어서 장출혈성 대장균 O157의 집단감염이 발생해 많은 사람을 경악하게 했다. 냉동식품은 식중독으로부터 안전하다고 여겨져 왔는데, 사망자를 발생시키기도 하는 무서운 장출혈성 대장균 환자가 나왔다는 데 큰 충격을 받은 것이다.

바쁜 현대인에게 냉동식품은 값싸고 부담 없이 먹을 수 있는 고마운 존재이자, 보존하기 편리하고 안심할 수 있는 음식으로 인식되어 왔다. 그러나 이것은 우리의 일방적인 믿음일 뿐, 음식 속까지 충분히 가열해 조리에 주의를 기울이지 않으면 식중독이 발생할 수 있다.

장출혈성 대장균의 무서움이 처음으로 인식된 사건은 1982년 미국의 2개주에서 동시에 발생한 집단 식중독이다. 이 사건은 같은 프랜차이즈 체인점의 햄버거가 원인이 되어서 발생한 식중독이었는데, 환자 47명의 변에서 장출혈성 대장균 O157이 검출되었다. 다들 잘 알고 있겠지만 햄버거의 패티는 다진 쇠고기를 뭉쳐서 만든 것이다. 다진 고기는 균에 오염되기 쉬워 반드시 속까지 충분히 익힌 다음 먹어야 한다. 그리고 유통망이 같은 프랜차이즈 체인점이었기 때문에 광범위한 지역에서 감염 사고가 일어난 것이다.

극소수의 균으로도 감염

장출혈성 대장균 O157의 주된 감염 원인은 이 병원균에 오염된 날고기나 음식물을 섭취하는 것이다. 골치 아프게도 이 균은 50개 정도의 극소량만 감염되어도 충분히 식중독을 일으킬 수 있다. 참고로 살모넬라균은 100만 개 정도가 있어야 식중독을 유발할 수 있는 것으로 알려져 있다. O157에 감염되기 쉬운 식재료는 날고기이지만, 이렇게 소량으로도 감염되는 까닭에 흙이나 물 등의 간접적인 오염을 통해서 집단감염이 발생하는 경우가 있다.

지금까지 일본에서 발생한 장출혈성 대장균 O157의 감염 사례에서 원인 식품으로 특정되거나 추정된 식품을 보면 쇠간, 겉만 익힌 쇠고기, 쇠고기 큐브 스테이크, 햄버거, 로스트비프 이외에 생각지도 못했던 것들이 포함되어 있다. 샐러드, 양배추, 무순, 멜론, 배추절임, 메밀국수, 시푸드 소스, 우물물 등이 그것들이다. 채소를 씻는 물이 오염되어 있으면 감염원이 될 수도 있다. 또한 날고기를 만져서 균이 들러붙은 손으로 채소를 만지고 샐러드를 만들면 감염 가능성이 있다. 조리 기구에 균이 부착되는 경우도 있다. 가열하지 않고 먹는 채소 샐러드를 가장 먼저 만들고 그다음에 고기 요리를 하는 등으로 순서를 정하는 것이 중요하다.

 O157의 집단감염 사례

다음에는 일본에서 있었던 집단감염 사례를 몇 가지 들어 보겠다.

2014년 여름에는 마을 축제 시 노점상에서 판매한 오이 요리를 먹은 사람 가운데 400명 이상이 장출혈성 대장균 O157에 감염되어 100명 이상이 입원했고 그중 4명이 중증화되어, 나중에 설명할 용혈성 요독 증후군에 걸렸다. 그 당시 오이 요리는 약 1,000개가 팔렸다고 한다.

우물물이 원인이 된 사례로는 1990년 한 유치원에서 원아 182명 중 149명, 직원 13명 중 3명, 원아 가족 169세대의 710명 중 122명, 기타 환자 45명 등 모두 319명에 이르는 대규모 집단 감염이 발생한 바 있다. 이때는 원아 2명이 용혈성 요독 증후군으로 사망했다. 유치원 내 변기의 물탱크에 균열이 생겨 그곳에서 새어 나온 오수가 우물물을 오염시킨 것이 원인으로 추정된다. 우물물을 사용한다면 그에 따른 적절한 관리가 이루어졌어야 했다.

1996년에는 학교 급식이 원인이 된 O157 집단감염이 발생했다. 이 유행에서는 9,000명 이상의 환자가 발생해 791명이 입원했으며 121명이 중증이 되어 용혈성 요독 증후군에 걸렸다. 그리고 학생 3명이 희생되었다.

세계적으로도 유례를 찾을 수 없는 대규모 장출혈성 대장균 집단감염 사고의 원인 식품으로 무순이 의심되었는데(감염원으로 특정된 것은 아니다), 이 때문에 무순 재배 농가가 피해를 입기도 했다. 또한 이때 초등학교 1학년 여학생이 O157에 감염되어 용혈성 요독 증후군에 걸렸다가 회복되었는데, 2015년 10월 후유증인 신혈관성 고혈압에 따른 뇌출혈로 25세의 젊은 나이에 세상을 떠났다.

현재도 증상이 나타난 감염 환자와 증상이 나타나지는 않았지만 정기적인 대변검사(음식점 종업원은 대변검사를 의무적으로 받아야 하며, 역학조사가 실시되기도 한다)에서 균을 보유하고 있음이 발견된 '무증상 보균자'를 포함해 연간 약 4,000명의 감염자가 발견되고 있다.

바비큐 등 충분히 익히지 않은 고기를 먹었다가 감염되는 사례가 여름철을 비롯해 전국에서 산발적으로 발생하는데, 연간 수십 명의 용혈성 요독 증후군 환자가 보고되고 사망 사례도 지속적으로 발생하고 있다.

장출혈성 대장균의 무서운 병태

장출혈성대장균감염증의 병원체로는 O157이 유명하지만, 베로 독소를 생산하는 대장균으로는 그 밖에도 O26, O111 등이 있다. 대장균에는 수많은 종류가 있으며 상재균으로서 우리와 함께 생활하고 있는데, 그중에는 다음과 같은 병원균이 있다.

O157은 소 등의 장 속에서 산다. 감염된 쇠똥 1그램당 최대 100만 개가 존재하며, 한 마리가 하루에 최대 300억 개가량의 장

출혈성 대장균을 배설한다. 이 쇠똥이 흙을 오염시키고 농작물에 영향을 끼치면 감염의 위험이 발생한다. 따라서 상추 등 가열하지 않고 먹는 채소는 흐르는 물에 깨끗이 씻는 것이 중요한 원칙이다. O157은 소에게는 병을 일으키지 않기 때문에 어떤 소가 균을 가지고 있는지 알 수 없다. 도축한 소를 식용육으로 가공하는 중에 장이 손상되면 고기의 표면에 균이 부착될 수 있는데, 그 균이 사람에 대한 감염원이 되는 것이다.

장출혈성 대장균은 산에 강하기 때문에 오염된 식품이나 물 등을 통해서 입으로 들어가거나 감염자의 변으로 배설된 뒤 손을 통해 입에 들어가면, 위산 속에서도 살아남아 장까지 도달해 베로 독소를 생산하고 이 독소가 병을 발생시킨다. 3~5일 정도의 잠복기를 거친 뒤 격렬한 복통을 동반한 물설사를 일으킨다. 격렬한 복통이 계속되고 혈변을 볼 수도 있으며, 혈변에서 혈액의 양은 점점 많아지고 변의 성분은 줄어들다 결국 대부분이 혈액인 상태가 된다.

게다가 뇌증이나 용혈성 요독 증후군 같은 심각한 합병증이 나타나기 때문에 주의가 필요하다. 용혈성 요독 증후군이란 혈전성 미세혈관병증이 주로 나타나는 급성 신부전이며, 뇌증은 경련이나 의식장애를 일으킨다. 용혈성 요독 증후군의 치사율은 5퍼센트에 이르며, 특히 5세 미만 유아의 발병 위험이 높은 것으로 보고되었다. 앞에서 이야기했듯이 어렸을 때 초등학교에서 감염되었던 사람은 20년에 가까운 긴 시간이 흐른 뒤 후유증으로 세상을 떠났다.

치료 방법으로는 항균제를 투여하며, 항균제를 사용한 뒤 증상이 나아졌더라도 2~3일 후에 갑자기 악화될 수 있기 때문에 주의를 게을리하지 말아야 한다. 심각한 합병증이 있는 무서운 감염병이므로 설비와 기술을 갖춘 의료 기관에서 치료를 받아야 한다.

젊고 건강한 사람이 사망하기도

2011년에는 프랜차이즈 식당에서 육회가 원인이 된 장출혈성 대장균 O111의 집단감염 사고가 발생해 사망자가 나왔다. 균은 열에 약하기 때문에 육류 등의 식재료는 충분히 가열할 필요가 있는데, 익히지 않은 육회는 감염 위험이 매우 높은 요리법이다.

그 후 쇠간에서도 O157이 검출되어 2012년에 생식용 쇠간의 판매·제공이 식품위생법으로 금지되었다. 쇠간뿐 아니라 돼지의 간도 속까지 충분히 가열할 필요가 있다. 그뿐 아니라 채소절임이나 연어 알과 같이 날것을 섭취해 집단감염이 발생하기도 한다. 식품의 유통 판매가 발달함에 따라 상품을 구입해서 먹은 사람이 넓은 지역에서 동시 다발적으로 감염·발병하는 사태가 벌어지고 있다.

장출혈성대장균감염증은 발병 후 회복되더라도 4~5일 동안은 균이 배설되기 때문에 감염원이 된다. 화장실을 이용한 뒤 깨끗하게 손을 씻는 것은 물론이고, 설사를 한 뒤 며칠 동안은 수영장에 가지 말고 욕조에 몸을 담그기보다 샤워만 해야 한다. 수건을 다른 사람과 같이 쓰는 것도 피한다. 2차 감염이 일어나기 쉬운 감염병이므로 충분한 주의를 기울여야 한다.

환자의 약 80퍼센트는 15세 이하이며, 영유아나 고령자가 잘 걸리는 데다 심각해지기 쉬운 감염병이다. 그러나 젊고 건강한 사람도 사망하는 경우가 있다. 결국은 모든 사람이 주의해야 하는 것이다.

장출혈성대장균감염증에는 백신이 없다. 평소에 식품을 충분히 익혀서 먹고 손을 깨끗이 씻으며 조리 기구를 소독함으로써 예방하는 수밖에 없다. 그리고 만약 증상이 나타나면 가벼이 여겨 약 한두 알로 나아지기를 기다리지 말고 신속하게 의료 기관을 찾아가 진찰을 받아야 한다.

O157은 30분 만에 둘로 분열되어 증식한다. 가령 감염에 필요한 최소 세균 수인 50개가 몸속에 들어와도 10시간 후에는

100만 개 이상으로 증식해 대장 안에서 독소를 생산해 병을 일으킬 수 있다. 설사약은 독소의 배출을 어렵게 만들기 때문에 사용에 주의를 기울이고, 항균제 역시 신중하게 사용해야 한다. 장출혈성대장균감염증은 신속하게 의료 기관을 찾아가지 않으면 목숨이 위태로울 수 있는 무서운 감염병이다.

맺음말

지금까지 노로바이러스 감염증과 풍진, 장출혈성대장균감염증, 머릿니, 진드기에게 물려서 감염되는 중증열성혈소판감소증후군 등 일상생활에서 걸릴 가능성이 있는 감염병부터 최근 전 세계적으로 문제가 되고 있는 에볼라바이러스병과 지카바이러스감염증, 메르스, 그리고 뎅기열과 말라리아 등 치명적인 감염병까지 소개했다.

현재 일본에서 감염 환자가 급증하고 있는 매독과 꾸준히 감염자가 나오는 결핵, 외국에서 옮아 유행하고 있는 홍역에 관해서도 자세히 이야기했다.

치명적이어서 막대한 인명 피해를 초래할 뿐 아니라 사회에 심각한 타격을 입혀 온 페스트와 콜레라, 황열, 두창을 '역사를 바꾼 감염병'으로 소개하여 우리 인류가 얼마나 감염병에 고통받아 왔으며 또 어떻게 싸워 왔는지에 관해 이야기했다.

이 책을 집필하는 중에 일본 정부가 해저 협곡 지진이나 도쿄

직하지진이 발생할 경우 예상되는 피해와 발생 시의 시뮬레이션 영상을 공개했다. 나는 그 영상을 보고 자연스레 공포를 느끼며 '재해 발생 시 감염병 대책'을 재구축할 필요성을 통감했다. 그런 절박한 심정에서 재해가 발생했을 때 큰 문제가 될 것으로 예상되는 파상풍에 관해서도 다루었다.

비슷한 무렵에 《인간의 공수병 : 기억에서 잊힌 죽음의 병》이라는 책을 접했다. 공수병(광견병)은 일단 발병하면 거의 100퍼센트 사망하는 무서운 감염병으로 세계 150개국 이상에서 발생하고 있는데도 많은 사람이 그 실정을 알지 못한다. 그래서 이 책 《무섭지만 밤새 읽는 감염병 이야기》에 공수병에 관해서도 꼭 다루고 싶었다.

현대를 살아가는 우리에게 무서워서 잠들 수 없는 감염병은 사실 매우 많다. 그중에서 현재의 상황을 감안할 때 지금 당장 알아 두어야 할 감염병, 즉시 경계하고 예방해야 할 감염병을 엄선해 이 책에서 소개했다.

예방법과 적절한 대응 방법을 알고 실천한다면 감염병으로 인한 피해는 확실하게 줄일 수 있다. 감염병에 관한 지식을 갖는 것은 곧 감염병으로부터 살아남기 위한 길이다.

전문 분야인 감염병에 관한 지식을 활용해 사람과 사회에 조금이라도 도움이 되고 싶었던 나는 이 책을 쓰기로 결심했다. 책을 쓰는 작업은 매일 공부하고 시행착오를 반복해야 하는, 꾸준함과 인내가 필요한 일이다. 괴롭고 힘들 때도 있지만, 난해한 감염병을 어떻게 하면 이해하기 쉽고 흥미롭게 읽을 수 있도록 정리할지, 얼마나 피해를 줄일 수 있을지 하는 것이 나의 연구 활동과 집필의 목표이다. 그리고 앞으로 더 좋은 책을 쓸 수 있도록 노력할 생각이다. 끝까지 읽어 주신 독자 여러분에게 고마움을 전한다.

자료 출처

23쪽   《임상과 미생물(臨床と微生物)》제42권 제3호.

30쪽   일본 후생노동성 홈페이지(https://www.mhlw.go.jp/stf/seisakunitsuite/bunya/
kenkou/kekkaku-kansenshou19/mers.html).

52쪽   《임상과 미생물(臨床と微生物)》제42권 제3호.

63쪽   《네이처(Nature)》419:6906, 2002.

64쪽   《모던미디어(モダンメディア)》제56권 제6호.

70쪽   도쿄도 감염증정보센터 홈페이지(http://idsc.tokyo-eiken.go.jp/diseases/
syphilis/syphilis/).

101쪽   일본 후생노동성 검역소 홈페이지(https://www.forth.go.jp/useful/infectious/
name/name05.html).

111쪽   일본 후생노동성 검역소 홈페이지(https://www.forth.go.jp/useful/yellowfever.
html).

126쪽   일본 후생노동성 홈페이지(https://www.mhlw.go.jp/bunya/kenkou/kekkaku-
kansenshou03/14.html).

146쪽   2000년도 감염증 유행 예측 조사.

152쪽   WHO Weekly Epidemiological Record 15 JANUARY 2016, 91th YEAR. 일본
후생노동성 건강국 결핵감염증과(2016년 6월 28일 작성).

167쪽   도쿄도 감염증정보센터 홈페이지(http://idsc.tokyo-eiken.go.jp/diseases/
rubella/rubella2013/).

183쪽   《생체의 과학(生体の科学)》제66권 제4호.

184쪽   《임상과 미생물(臨床と微生物)》제42권 제3호.

참고 문헌

다쓰카와 쇼지, 《병의 사회사 : 문명에서 찾는 병의 원인》, 이와나미서점(立川昭二, 《病気の社会史 : 文明に探る病因》, 岩波書店).

다카야마 나오히데, 《인간의 공수병 : 기억에서 잊힌 죽음의 병》(개정신판), 지쿠출판(高山直秀, 《ヒトの狂犬病 : 忘れられた死の病》改訂新版, 時空出版).

로리 가렛, 《커밍 플레이그 : 다가오는 병원체의 공포 상·하》, 야마노우치 가즈야 감수, 가와데서방신사(ローリー·ギャレット, 《カミング·プレイグ : 迫りくる病原体の恐怖 上·下》, 山内一也 監訳, 河出書房新社).

스티븐 존슨, 《감염 지도 : 역사를 바꾼 미지의 병원체》, 야노 마치코 옮김, 가와데서방신사(スティーヴン·ジョンソン, 《感染地図 : 歴史を変えた未知の病原体》, 矢野真千子訳, 河出書房新社).

에비사와 이사오, 《파상풍》(제2판), 일본의사신보사(海老沢功, 《破傷風》第2版, 日本医事新報社).

오카다 하루에, 《감염병은 세계사를 움직인다》, 지쿠마서방(岡田晴恵, 第2版《感染症は世界史を動かす》, 筑摩書房).

오카다 하루에, 《알아 두어야 할 감염병 : 21세기형 팬데믹에 대비한다》, 지쿠마서방(岡田晴恵, 《知っておきたい感染症 : 21世紀型パンデミックに備える》, 筑摩書房).

오카다 하루에, 《인류 vs 감염병》, 이와나미서점(岡田晴恵, 《人類vs感染症》, 岩波書店).

오카다 하루에, 《학교의 감염병 대책》, 히가시야마서방(岡田晴恵, 《学校の感染症対策》, 東山書房).

오카다 하루에, 《에볼라 vs 인류 : 끝나지 않는 싸움》, PHP연구소(岡田晴恵, 《エボラvs人類 : 終りなき戦い》, PHP研究所).

오카다 하루에·다시로 마사토, 《감염 폭발에 대비한다 : 신종 인플루엔자와 신종 코로나》, 이와나미서점(岡田晴恵·田代眞人, 《感染爆発に備える : 新型インフルエンザと新型コロナ》, 岩波書店).

폴 드 크루이프, 《미생물 사냥꾼 상·하》, 아키모토 스에오 옮김, 이와나미서점(ポール·ド·クライフ, 《微生物の狩人 上·下》, 秋元寿恵夫訳, 岩波書店).

무섭지만 재밌어서 밤새 읽는 감염병 이야기

1판 1쇄 발행 2020년 10월 27일
1판 5쇄 발행 2023년 5월 12일

지은이 오카다 하루에
옮긴이 김정환
감수자 최강석

발행인 김기중
주간 신선영
편집 민성원, 백수연
마케팅 김신정, 김보미
경영지원 홍운선

펴낸곳 도서출판 더숲
주소 서울시 마포구 동교로 43-1 (04018)
전화 02-3141-8301
팩스 02-3141-8303
이메일 info@theforestbook.co.kr
페이스북·인스타그램 @theforestbook
출판신고 2009년 3월 30일 제2009-000062호

ISBN 979-11-90357-48-7 03470